**HEYNE‹**

MATT WHYMAN

# Die Genialität der Schweine

## Die Geschichte einer außergewöhnlichen Freundschaft

übersetzt aus dem Englischen
von Theda Krohm-Linke

WILHELM HEYNE VERLAG
MÜNCHEN

Die Originalausgabe erschien 2018 unter dem Titel
*The Unexpected Genius of Pigs* bei HarperCollins Publishers Ltd.

Verlagsgruppe Random House FSC® N001967

Deutsche Erstausgabe 11/2019

Text © Matt Whyman 2018
Illustrations by Micaela Alcaino
Jacket design and illustrations by Micaela Alcaino
© Harper Collins *Publishers* Ltd 2018

Matt Whyman asserts the moral right
to be identified as the author of this work.

© der deutschsprachigen Ausgabe 2019
by Wilhelm Heyne Verlag, München,
in der Verlagsgruppe Random House GmbH,
Neumarkter Straße 28, 81673 München
Redaktion: Thomas Bertram
Umschlaggestaltung: Martina Eisele
unter Verwendung zweier Motive von Micaela Alcaino
Satz: Satzwerk Huber, Germering
Druck: CPI books GmbH, Leck
Printed in Germany
ISBN: 978-3-453-60519-0

www.heyne.de

*Dieses Buch
ist meinem Dad gewidmet.*

# Inhalt

# 1

# Schweinehalter wider Willen

## Eine einfache Lektion

Ich habe durch die Schweinehaltung viel über mich selbst gelernt und nur sehr wenig über die Tiere in meiner Obhut. In den Jahren, als Butch und Roxi zur Familie gehörten, entdeckte ich, dass meine Geduld beinahe grenzenlos auf die Probe gestellt werden konnte. Außerdem stellte ich fest, dass Dinge, die ich für wichtig gehalten hatte, wie etwa Blumenbeete oder der Zaun um den Garten, eigentlich keine Rolle spielten. Als Vater von vier kleinen Kindern waren mir harte Arbeit und Verantwortung nicht fremd. Aber obwohl ich schon reichlich Windeln gewechselt hatte – auf so viel Dreck jeden Tag war ich nicht vorbereitet gewesen. Unser Schweinepaar stellte meine Frau Emma und mich auf eine harte Probe, was uns nur noch mehr zusammenschweißte – nicht ein einziges Mal ließen wir uns entmutigen.

Und trotz aller Herausforderungen, Fluchtversuche und Zerstörung lernte ich etwas über die Liebe.

## Das Leben vor den Schweinen

Rückblickend kann ich nur mir selbst die Schuld geben. Wir leben in West Sussex auf dem Land, in einem Backsteinhaus am Waldrand. Es gibt einen Garten, wo unsere Kinder immer gerne gespielt haben, und Nachbarn zu beiden Seiten. Eine Zeit lang habe ich hinten im Garten Hühner in einem Gehege gehalten. Der Bereich war von einem Lattenzaun umgeben, der um einen kleinen Apfelbaum herumging und an der vorderen Ecke des Schuppens befestigt war. Es war das reinste Geflügelparadies. Meine sechsköpfige Schar hatte reichlich Platz zum Picken und Kratzen, und immer wenn ich den Weg zu ihnen hinunterschlenderte, kamen sie alle ans Tor gerannt, um mich zu begrüßen.

Als bis auf ein Huhn alle bei einem Fuchsangriff ums Leben kamen, begann ich mich zu fragen, welches Tier einen erneuten Besuch verhindern könnte. Mir schwebte etwas vor, das ein klares Signal aussandte, wie ein Krokodil, ein Becken voller Piranhas oder ein wütender Bulle. Mein Vorschlag, ein Schwein zu nehmen, war eigentlich nicht ernst gemeint, obwohl ich schon gehört hatte, dass sie Füchsen oft Angst einjagten. Für Emma war es Grund genug, ein wenig im Internet zu recherchieren. Als sie auf eine Schweineart stieß, die vermutlich in eine Handtasche passte, war die Sache abgemacht.

»Das sind keine normalen Schweine«, erklärte sie mir. »Es sind *Mini*schweine.«

Fairerweise muss ich Emma zugestehen, dass sie ihre Hausaufgaben gemacht hatte. Allerdings beschränkten sich diese damals darauf, sich durch unzählige unwiderstehliche Fotos von unglaublich kleinen Schweinen in Babyschuhen zu klicken, statt harte Fakten darüber zu sammeln, was diese Schweine vom gewöhnlichen Hausschwein unterschied. Sie verließ sich auf das Wort von ein paar Züchtern, die sich auf Minischweine spezialisiert hatten und behaupteten, ihre winzigen Schweine würden nur dreißig Zentimeter hoch, etwa so groß wie ein Terrier. Sie wären klug, kinderfreundlich, leicht zu erziehen und würden ohne Probleme mit uns im Haus leben.

Emma erzählte mir noch viel mehr über sie, aber ich hatte schon aufgehört, ihr zuzuhören, als sie ihren Trumpf aus dem Ärmel zog und mir versicherte, dass ich sie kaum bemerken würde. Da war meine gesamte Familie bereits infiziert. Ein normales Ferkel kostet etwa 30 Pfund. Für ein acht Wochen altes Minischwein muss man zwischen 500 und 1000 Pfund hinblättern. Trotz dieser Summe hielt Emma es für eine gute Investition. »Daran werden sich die Kinder immer erinnern«, sagte sie. Rückblickend hatte sie nicht unrecht. Ich glaube nur nicht, dass die Erfahrung ihr Leben so geprägt hat, wie ihre Mutter es gehofft hatte.

# Butch und Roxi

Die Neuankömmlinge trafen in einem Katzenkorb ein. Vielleicht, um mich weichzuklopfen, plädierte Emma für Namen, die ich einmal für zwei unserer Kinder vorgeschlagen hatte, was damals jedoch sofort abgelehnt worden war. Wie die Züchter versprochen hatten, waren die beiden tatsächlich nicht größer als kleine Kätzchen. Angesichts dieser perfekten kleinen Schweine, die in einer hohen Stimmlage quiekten, kam mir sofort der Gedanke nachzusehen, wo in ihren Bäuchen das Fach für die Batterien war. Sie wirkten einfach zu gut, um echt zu sein. Während ihres ersten Wochenendes bei uns zog das Geschwisterpärchen wirkungsvoll die Aufmerksamkeit und Zuneigung der Kinder auf sich. Da ich zu Hause arbeitete und im Arbeitszimmer vorne im Haus Bücher schrieb, nutzte ich die Gelegenheit, um mich an den Schreibtisch zu stehlen.

Dann wurde es Montag. Die Kinder waren in der Schule, wo meine Frau sie auf dem Weg ins Büro abgesetzt hatte, und mir fiel die Aufgabe zu, mich um Butch und Roxi zu kümmern.

Von diesem Moment an tat sich zwischen Fantasie und Realität der Schweinehaltung ein Abgrund auf. Ich saß vor dem Computer und versuchte zu schreiben, um damit Geld zu verdienen, und die beiden machten mich wahnsinnig. Emma, die sich um das Wohl der Schweinchen sorgte, hatte beschlossen, ihre kleine Kiste in mein Büro zu stellen, damit ich auf sie aufpassen konnte. In gewisser Weise tat ich das auch, weil ich wesentlich mehr Zeit damit verbrachte, mich ständig nach ihnen umzudrehen, als auf den Bildschirm zu blicken.

Entgegen der allgemeinen Annahme sind Schweine hygienische Geschöpfe. Sie legen ihre Toilette so weit wie möglich von ihrem Schlafplatz entfernt an. In unserem Haus hieß das, dass sie trotz des Katzenklos, das Emma in meinem Arbeitszimmer aufgestellt hatte, ins Wohnzimmer trotteten und sich dort hinter den Fernseher in der Ecke hockten. Was die Geräusche anging, so waren sie nicht so schlimm, das Schnüffeln und Grunzen war bei der Arbeit sogar eher beruhigend. Erst als das Telefon klingelte, kippte die Stimmung. Vielleicht hatte es etwas mit der Frequenz des Klingeltons zu tun, oder vielleicht mögen Schweine auch einfach nur solche Melodien. Was auch immer der Grund war, Butch und Roxi begannen jedenfalls auf der Stelle, laut zu quieken. Es ist schwer genug, professionell zu klingen, wenn man zu Hause arbeitet, doch jetzt hörte es sich an, als arbeitete ich mitten auf einem Bauernhof.

## Massig tierische Ablenkung

Natürlich weiß jeder, dass es anstrengend ist, ein junges Tier großzuziehen. Hunde müssen lernen, dass man der Boss ist, während Katzen eine Weile brauchen, um herauszufinden, wie sie einen am besten zu ihrem Vorteil manipulieren können. Schweine sind im Grunde wie Kleinkinder. Sie können lieb und voller Fragen sein und dann ohne jeden Grund einen Wutanfall bekommen, wenn die Dinge nicht so laufen, wie sie es sich vorstellen. Im Gegensatz zu kleinen Kindern jedoch wachsen sie aus diesem Verhalten nicht heraus, wie ich feststellen konnte. Mit der Zeit wird es immer ausgeprägter und passt einfach nicht mehr in eine häusliche Umgebung. Außerdem müssen strenge Regeln und Verordnungen eingehalten werden, die das Ministerium für Umwelt, Nahrungsmittel und landwirtschaftliche Angelegenheiten festgelegt hat. Wenn ich zum Beispiel den Schweinen Futter aus der Küche vorsetzte, riskierte ich einen Verstoß gegen verschiedene Biosicherheitsgesetze. Das konnte eine saftige Strafe nach sich ziehen, aber das wussten unsere kleinen Nutztiere zum Glück nicht. Auch unser Jüngster hatte davon keine Ahnung, als er mit einem Keks in der Hand und zwei kleinen Schweinen auf den Fersen, die ihm wie tiefergelegte Schakale folgten, herumlief. Letztlich muss man nur einmal erleben, wie ein Minischwein einen Nervenzusammenbruch erleidet, weil man sein Sandwich nicht mit ihm teilen will, um zu erkennen, dass das Leben für alle leichter wäre, wenn sie sich draußen aufhielten.

Butch und Roxi wohnten nur ganz kurz mit uns zusammen im Haus. Als der Reiz des Neuen sich langsam abnutzte, wurde ziemlich schnell deutlich, dass das Haus als Umgebung für Schweine, egal welcher Rasse, nicht geeignet ist. Sie müssen in der Erde wühlen, um Wurzeln und vergrabene Schätze herauszuholen, und nicht ihre Schnauzen in das Weinregal stecken oder sich vor den Fernseher fläzen, um die Lottozahlen zu gucken. Überraschenderweise konnte ich Emma und die Kinder schnell davon überzeugen. Auch sie hatten erkannt, dass diese spezielle Schweinezüchtung keine Zentralheizung und keinen Teppich unter den Hufen brauchte. Und außerdem sehnten die beiden sich wohl ebenso sehr nach ein bisschen Ruhe wie ich. Um sicherzugehen, dass sie es sich nicht anders überlegten, adoptierte ich ein paar ehemalige Batteriehennen für meinen einsamen überlebenden Vogel und spielte dann die Fuchs-Schutzkarte aus.

Und so verwandelte ich mit meiner freigelassenen Hühnerschar, die sich auf dem Griff meines Werkzeugkastens niedergelassen hatte, eine Seite des Schuppens in ein gemütliches Schlafplätzchen für Butch und Roxi. Der Zaun wirkte stabil genug, fand ich, nachdem ich probeweise daran gerüttelt hatte, und es gab mehr als genug Platz, damit alle friedlich zusammenleben könnten.

## Die zunehmende Präsenz der Schweine

Nachdem der Revierkampf zwischen Hühnern und Schweinen sich gelegt hatte, sah man im hellen Tageslicht ganz deutlich, dass Butch und Roxi nicht mehr ganz so mini waren. Roxi entwickelte sich am schnellsten. Es gab sogar eine Zeit, als ich den Eindruck hatte, dass sie jedes Mal, wenn ich ihnen zum Frühstück und zum Mittagessen ihre geliebten Kastanien servierte, ein Stück gewachsen war. Allerdings sorgten beide auch selbst dafür, dass sie zunahmen, indem sie gierig alle Eicheln, die von der Eiche fielen, verschlangen, samt dem Laub, das im Herbst herunterkam.

Während Roxi etwa so groß war wie unser verstorbener deutscher Schäferhund, kompensierte Butch die fehlende Höhe, indem er in die Breite ging und sich in einen mächtigen Ausgräber verwandelte. Die beiden verwandelten das Hühnergehege in eine schlammige Kraterlandschaft. Die Vögel taten mir so leid, dass ich sie auf unseren Rasen ließ. Doch die Schweine ließen sich nicht so einfach von der Party ausladen und brachten sich selbst bei, den Riegel am Tor zu heben. Eine Zeit lang konnten wir sie in Schach halten, indem wir abschlossen, aber schon kurz darauf waren Butch und Roxi so dick geworden, dass sie den Lattenzaun mit der Schnauze wegschieben konnten.

Eines Tages, als die Schweine sich von ihrer harten Arbeit im Schuppen ausschliefen, betrachtete ich die Überreste des Gartens. Geschlagen geben wollte ich mich auf keinen Fall. Ich machte mich daran, den Zaun zu verstärken – der wirklich nur ein Riesenmurks gewesen war –, weil ich davon ausging, dass unsere Minischweine mittlerweile ihre volle Größe erreicht hatten. Rückblickend kann ich darüber nur lachen.

## Größe und Geist

Die Zeit verging. Wenn Freunde und Nachbarn zu Besuch kamen, hielten sie oft nur den Atem an beim Anblick der grunzenden Riesenbiester, die zwischen den Kratern und Abfallhaufen herumliefen, aus denen unser Garten mittlerweile bestand. Innerhalb eines Jahres reichte Roxi mir bis zur Hüfte und hatte eine Vorliebe für Ziegelsteine entwickelt. Sie grub sie überall aus und zermalmte sie dann zu Pulver. Sie war ein rosa Schwein mit dunklen Flecken, hatte Ohren wie eine Fledermaus und ein Gesicht, das man am treffendsten mit einer Schaufel vergleichen konnte. Sie war ein fester Brocken: eine solide Masse aus Muskeln, Fett und Widerspenstigkeit. Wenn sie als Ferkel im Haus geblieben wäre, hätten wir sie jetzt mit einem Kran herausholen müssen.

Butch war nicht ganz so monströs. Je nach Lichteinfall konnte er sogar als süß durchgehen. Er war vollkommen schwarz, mit einem langen Bauch und dem seelenvollen

Gesichtsausdruck von Yoda aus *Star Wars*. Schon früh kastriert, weil es, offen gesagt, unvorstellbare Konsequenzen gehabt hätte, ihn unversehrt zu lassen, erinnerte unser männliches Minischwein in der Nähe von Roxi an einen unter dem Pantoffel stehenden Ehemann. Sie war die wahre Herrscherin im Hühnerstall, sehr zum Missvergnügen der Hühner. Niemanden von uns hätte es besonders überrascht, wenn sie bei Sonnenaufgang gekräht hätte.

Es war ohne jeden Zweifel mühsam, den wachsenden Bedürfnissen unserer kleinen Tierschar gerecht zu werden. Der verstärkte Lattenzaun wirkte wie eine Staumauer gegen ansteigende Wassermassen, aber er hielt auf jeden Fall stand. Das galt leider nicht für den knapp zwei Meter hohen Bretterzaun, der die hintere Wand des Geheges bildete. Ich geriet in Panik, als ich eines Morgens zum ersten Mal ein zersplittertes, schweineförmiges Loch entdeckte. Es dauerte den ganzen Tag, bis ich die beiden wiedergefunden hatte. Das zweite und das dritte Mal waren genauso beunruhigend. Und als es dann noch einmal passierte, fragte ich mich, ob die Schweine mir vielleicht mit Absicht geschickt worden waren, um meine Geduld auf die Probe zu stellen.

Etwa um diese Zeit nahm Emma erneut Kontakt zu dem Züchter auf. Da Butch und Roxi so gar nicht zu den Bildern auf der Website passten, wo süße kleine Schweinchen sich in einen Schuhkarton kuschelten, wandte sie sich an ihn wie eine Kreuzung aus mündigem Konsumenten und Racheengel. Zweifellos hätte meine Frau ihn in angemessener Art und Weise zur Verantwortung gezogen und dabei unmissverständlich klargestellt, dass er damit aufhören müsse, solche Schweine zu verkaufen, wenn er nicht eine hochgewachsene, sehr wütende Blondine am Hals haben wollte. Doch anscheinend hatte sich schon ein anderer enttäuschter Minischwein-Besitzer beschwert, denn der Züchter hatte sich aus dem Geschäft zurückgezogen.

Obwohl Butch und Roxi sich inzwischen ganz ordentlich benahmen, war nicht mehr zu übersehen, dass sie ständig größer wurden. Trotz des Quiekens und der Tatsache, dass unser Garten aussah wie ein Schlachtfeld, waren unsere Nachbarn überraschend verständnisvoll. Unzählige Male musste ich einer Klage wegen Lärmbelästigung zuvorkommen, indem ich die Runde machte, um mich zu entschuldigen. Letztendlich verschenkte ich als Entschädigung alle Eier, die unsere Hühner legten. Redeten wir dann darüber, schienen sie zu begreifen, dass wir keine Ahnung gehabt hatten, auf was wir uns einließen. Vermutlich hielten sie uns im Stillen für töricht und impulsiv, weil wir ohne sorgfältige Prüfung auf die Idee verfallen waren, Schweine als Haustiere zu halten. Und natürlich hatten sie recht damit.

## Wo es Dreck gibt …

In gewisser Hinsicht jedoch hatten wir Glück. Trotz aller Opfer reichte unser Platz, um Butchs und Roxis Wohlergehen sicherzustellen. Ihre Aufzucht beherrschte unser Leben. Ich unterbrach sogar meine Arbeit als Romanautor, um eine warnende Erzählung in Form einer Abhandlung zu schreiben. Also, was passierte hier? Waren wir hereingelegt worden?

Als ich viel zu spät einen Kurs über Schweinehaltung besuchte, öffnete mir der kluge alte Mann, der ihn abhielt, die Augen hinsichtlich der Realität unserer Situation. Er glaubte, dass das anhaltende Interesse an Schweinen und das Geld, das man mit einer Miniatur-Version verdienen konnte, manche Leute in der Branche dazu verleite, den einfachsten Weg zu nehmen. »Minischweine sind keine anerkannte, registrierte Züchtung«, sagte er zu mir. »Jeder kann zwei kleinwüchsige Schweine paaren, aber es gibt keine Garantie dafür, dass der Nachwuchs auch klein bleibt. Dazu bräuchte man Generationen streng kontrollierter Zucht. Vielleicht gibt es so etwas einmal in dreißig oder vierzig Jahren«, fügte er hinzu, aber das war für uns natürlich kein Trost. »Was Sie haben, sind zwei Mischlingsschweine.« Der Mann warf einen Blick auf das Foto, das ich ihm zeigte, und lachte leise, als ich ihm erklärte, die beiden seien Geschwister.

Die Minischweine waren also anscheinend ein Mythos. Ferkel, die gewinnbringend verkauft worden waren. Ein Einhorn für unser Zeitalter oder vielleicht auch nur für Leute wie uns, die gerne ein Schwein als Haustier halten wollten. Ja, es gibt kleine Schweinerassen, wie das vietnamesische Hängebauchschwein und das Kunekune, aber viel hängt auch davon ab, welchen Begriff von Größe man hat. Die Vorstellung von einem erwachsenen Schwein, das in eine Handtasche passt, ist Unsinn. Ein erwachsenes Schwein könnte so etwas mit einem Bissen vertilgen, wenn man es herumliegen ließe. Tatsache war, dass Butch und Roxi zwei sehr teure, stinknormale Mischlinge waren. Aber trotz allem liebten wir sie heiß und innig. In gewisser Weise brachten sie uns Familie in Nöten enger zusammen.

Wir gehören nicht zu den Leuten, die sich jemals von ihren Haustieren trennen würden. Es war harte Arbeit, aber Emma und ich lernten viel über verantwortungsbewusste Schweinehaltung, und das war schon eine Belohnung an sich. Winston Churchill sagte einmal, dass einen ein Schwein ansieht wie seinesgleichen. Ich bin mir da nicht so sicher. In der Zeit, als ich mich auf eine Ebene mit Butch und Roxi begab, wobei ich sie für gewöhnlich anflehte, mir einen einzigen Tag ohne Probleme zu schenken, stieß ich auf zwei grunzende Kreaturen, die meinen Blick mit mehr Lebenslust und schierer Entschlossenheit erwiderten, als ich jemals aufbringen könnte. Es war auch eine Bindungserfahrung. Wir mussten zusammen dadurch, Mensch und Schwein. Meine Frau und ich wollten immer nur alles richtig mit ihnen machen. Wir waren gleichermaßen schlecht vorbereitet und begeistert gewesen. Aber wie sehr sie unsere Nerven auch strapazierten, das Wohlergehen von Roxi und Butch stand für uns an erster Stelle.

Ein wenig kann ich mich mit der Tatsache trösten, dass wir nicht als Einzige auf den Minischwein-Mythos hereingefallen sind. Auch andere Haushalte hatten sie mit den besten Absichten aufgenommen und mussten dann feststellen, dass sie ihnen über den Kopf wuchsen. Im ganzen Land mussten Tierheime Schweine aufnehmen, die so groß wie einsam und traurig waren, und das wollten wir auf keinen Fall. Unsere Schweine waren Teil unseres Lebens, auch wenn sie jeden einzelnen Aspekt beherrschten. Emma und ich waren uns einig, dass Butch und Roxi ebenso wie wir das Recht auf eine glückliche, zufriedene Existenz hatten, und wir wollten alles tun, um sie ihnen zu ermöglichen.

## Das unerwartet geniale Schwein

Es ist lange her, seit ich mich als Schweinehalter bezeichnete. Die emotionalen Wunden sind verheilt, und wegen des vielen Komposts ist das Gras ordentlich nachgewachsen. Ich blicke mit zärtlichen Erinnerungen auf diese Episode in unserem Leben zurück und muss sogar lächeln beim Gedanken an einige der Eskapaden, über die ich damals getobt habe. Unser Respekt Tieren und ihrer artgerechten Haltung gegenüber ist gewachsen, und wir essen kein Fleisch mehr. Aber vor allem fasziniert mich, wie Schweine ticken. Wir hatten zwei Schweine in unsere Welt eingeladen, und sie haben sie demoliert, aber wie sieht es in *ihrer* Welt aus?

Jetzt, wo ich keine Schweine mehr habe und viel Zeit zum Nachdenken, möchte ich gerne mehr herausfinden über das Leben, wie sie es sehen. Unsere beiden machten mir von Anfang an klar, mit wem ich es zu tun hatte, und ich hege nicht den geringsten Zweifel, dass Schweine eine Spezies mit verborgenen Tiefen sind. Ich will nicht behaupten, dass sie eine Neigung zu Algebra, Malerei oder Poesie hätten, aber zwischen diesen Ohren geht etwas Außergewöhnliches vor, das ich zu gerne ergründen würde. In gewisser Weise, so glaube ich, ist es eine ideale Mischung aus Instinkt und Intelligenz. Das heißt, wenn ein Schwein sich etwas in den Kopf gesetzt hat, bekommt es auch, was es will.

Schweine sind nicht nur klug, sie sind auch ungeheuer gesellig. Butch und Roxi mochten zwar keine Geschwister sein, waren aber unzertrennlich. Waren sie seelenverwandt oder nur aus Notwendigkeit zusammen? Roxi nutzte regelmäßig die Vorteile ihrer Größe und ihres Umfangs, um Butch vom Futtertrog wegzuschieben, während unser Eber schneller zu Fuß war und mit einem Apfel in der Schnauze wegrennen konnte, ohne dass sie ihn einholte. Sie zankten sich ums Essen und dienten einander doch in der Nacht als Schmusedecke, wenn sie Schnauze an Rücken schlafend dalagen.

Wenn sie einmal wegliefen, konnte ich darauf wetten, dass ich Butch und Roxi immer zusammen wiederfand. Pflegen Schweine also loyale Freundschaften oder streiten untereinander, wie wir? Und brauchen sie Verbündete? Können sie lieben und hassen, einander trösten oder Ratschläge erteilen? Spielen sie miteinander, und haben sie nichts als Streiche im Sinn? Sind sie echt faul oder wirklich gierig, wie wir unterstellen, wenn wir behaupten, jemand benähme sich wie ein Schwein? Da sie nicht wie wir über moderne Technologien verfügen: Wie kommunizieren sie miteinander, und was sagen sie? Und was treibt sie, von morgens bis abends in der Erde zu wühlen, um eine einzige Eichel zutage zu fördern? Für mich ist das alles ein Geheimnis, aber ich möchte es voller Neugier und Begeisterung ergründen, um die Schweine besser zu verstehen.

Mithilfe von Menschen, die den Schweinen wesentlich tiefer in die Augen geschaut haben, als es mir je gelungen ist, möchte ich noch mehr lernen, als ich aus den Fehlern gelernt habe, die ich als Schweinehalter wider Willen gemacht habe. Nicht nur über Schweine und ihre Persönlichkeiten – und davon werden wir einige kennenlernen –, sondern auch darüber, was es bedeutet, sich mit diesen Tieren zu verbinden und zu erkennen, dass sie ein Leben führen, das ebenso komplex, herausfordernd und erfüllt sein kann wie unser eigenes.

# 2

## Die Ahnen

### Fenster zur Seele

Wie schon Churchill in seinem berühmten Zitat bemerkte, kann es einen nervös machen, einem Schwein in die Augen zu blicken. Hunde schauen zu einem auf, Katzen sehen auf uns herab, aber ein Schwein behandelt einen wie seinesgleichen. Blickt man in diese kleinen runden Knopfaugen, findet man eine Gedankentiefe, die der unseren gleichkommt. Ein Schwein blinzelt genau wie der Mensch, schlägt mit den Wimpern wie ein ruhender Schmetterling mit den Flügeln und fordert uns auf, einen Blick auf einen Geist zu erhaschen, so strahlend und hoch entwickelt wie der des Menschen.

Dabei grunzen sie auf primitive Art, als wollten sie einen an ihren Ursprung erinnern.

# Das Schwein in der Zeit

Die Ahnenreihe des heutigen Hausschweins reicht neun- bis dreizehntausend Jahre zurück bis zum europäischen Wildschwein. Wildschweine sind kraftvolle Borstentiere mit langem Schädel und, verglichen mit ihren rosigen, haarlosen Verwandten, von häufig dunkler Farbe. Ihre breiten Schultern verjüngen sich zu den Hinterläufen wie bei einer großen, schweren Hunderasse.

Variationen des Wildschweins, auch unter dem Namen *Sus scrofa* bekannt, finden wir heute von Afrika bis Asien, vom Fernen Osten bis Australien und in ganz unterschiedlichen Lebensräumen, darunter Wälder, Buschland und Sümpfe.

Sie leben in Rudeln und ziehen herum, je nachdem wo sie Nahrung finden. Aus verschiedenen Gründen halten sich Wildschweine am liebsten in dichter Vegetation auf. Ihre Welt besteht vor allem aus drei Elementen: Nahrung, Wasser und Schutz. Den finden sie im Unterholz und unter Laubbäumen an Flüssen und Bächen, aber auch Menschen können ihn bieten – und genau dort wurde die erste Verbindung hergestellt.

Um mehr darüber herauszufinden, was das Wildschwein in unsere Welt lockte, besuchte ich Michael Mendl, Professor für Tier-Verhalten und Tier-Wohl, einen anerkannten Experten für Wahrnehmung, Emotion, Individualität und soziales Verhalten von Haustieren. Und er hat eine leidenschaftliche Vorliebe für Schweine. Professor Mendl ist ein herzlicher Mensch mit leiser Stimme und einnehmendem

Wesen. Er öffnet mir die Tür zu seinem Büro in der Bristol Veterinary School in Jeans und T-Shirt. Solche Wissenschaftler liebe ich. Und als er zu unserem Thema kommt, erfahre ich erfreut, dass er trotz seines immensen Wissens ebenfalls zu der Erkenntnis gelangt ist, dass wir nie präzise sagen können, was ein anderes Tier bewegt – und dass in diesem Geheimnis ein gewisser Zauber liegt.

»Wir können anhand von fossilen Überlieferungen aus menschlichen Ansiedlungen, die mehr als zehntausend Jahre zurückreichen, feststellen, dass das Wildschwein bereits auf dem Weg zur Domestizierung war«, beginnt der Professor. »Wahrscheinlich hielt sich eine Rotte in der Nähe auf, und ein Wildschwein auf Nahrungssuche drang bis zu den Siedlungen vor. Als Allesfresser muss es Dinge gegeben haben, an denen es interessiert war, wie zum Beispiel Essensreste. Und ich denke, die Leute sahen sich das Wildschwein an und machten sich so ihre eigenen Gedanken«, fügt er grinsend hinzu. »Wir haben zahlreiche Informationen, die uns dabei helfen, den genauen Zeitpunkt festzustellen, allerdings können wir nicht mit Bestimmtheit sagen, *wie* das Schwein domestiziert worden ist.« Der Professor betrachtet mich einen Moment lang nachdenklich durch seine Brille. »Darüber kann man alle möglichen Geschichten erfinden.«

# Der Ursprung der Spezies

Im Großen und Ganzen ist das Schwein ein gefügiges und nettes Tier. Manchmal ist es besser, ihm aus dem Weg zu gehen, wie wir feststellen werden, aber mit ein bisschen Verständnis sind Schweine im Allgemeinen leicht zu durchschauen. Ich glaube, dass wir instinktiv mit ihnen sprechen, bevor wir die Hand ausstrecken, um eine Flanke zu kratzen oder sie hinter dem Ohr zu reiben. Irgendetwas haben Schweine an sich, das uns jedes Mal veranlasst, das zu tun. Sie reagieren auf menschliche Stimmen, so wie wir auf sie reagieren. Wir sprechen völlig unterschiedliche Sprachen, aber der Tonfall des Grunzens und unserer Begrüßung scheinen diese Kluft mühelos zu überwinden.

Das Wildschwein hingegen ist ein völlig anderes Geschöpf. Als ich mich kürzlich auf einer Geschäftsreise am Stadtrand von Bukarest aufhielt, beschloss ich, ein wenig freie Zeit zu nutzen, um Laufen zu gehen. Ich war immer schon ein Läufer (abgesehen von der Zeit, als Butch und Roxi mich völlig in Anspruch nahmen). Ich finde, es macht den Kopf frei, wenn man den ganzen Tag geschrieben hat, und im Grunde trägt es sowohl zu meiner körperlichen als auch zu meiner geistigen Gesundheit bei. An jenem Tag plante ich, da ich mich in der Stadt nicht auskannte, meine Route auf Google Maps. Ich hatte angenommen, die Runde würde durch einen Park mit einem See und dergleichen verlaufen. Allerdings war mir nicht klar gewesen, dass es in dieser Gegend der rumänischen Hauptstadt einen großen, dichten Wald gab. Von oben sah die dunkle, gezackte Fläche so aus, als hätte sie mit dem umliegenden Straßennetz überhaupt nichts zu tun. Aber um auf den Waldweg zu gelangen, würde ich über eine dieser Straßen laufen müssen. Da ich wusste, dass es in Bukarest viele streunende Hunde gab, fragte ich an der Hotelrezeption, ob es klug wäre, diese Strecke zu laufen.

»Kein Problem«, sagte die Dame am Empfang zu mir. »Die Hunde sind harmlos, wenn Sie sie in Ruhe lassen, aber im Wald müssen Sie auf die Wildschweine aufpassen.« Ihr Englisch und mein nicht existentes Rumänisch verhinderten, dass ich mehr darüber erfuhr. Ich dankte ihr, lächelte und eilte nach draußen, wo zu beiden Seiten der Straße Schnee aufgetürmt worden war, der ganz schwarz von Abgasen war.

Obwohl ich phosphoreszierende Funktionskleidung trug, kam ich mir mit der Warnung der Empfangsdame im Hinterkopf vor wie eine uralte Figur aus *Grimms Märchen*. Den ganzen Weg zum Wald, höchstens anderthalb Kilometer, grübelte ich darüber nach, was mich wohl erwartete. Ich lief an einsamen Straßenhunden vorbei, die mich nicht beachteten, und ein Rottweiler hinter einem Zaun rannte eine Zeit lang neben mir her. Er machte Krach, aber ich hatte keine Angst. Wir wissen, dass Hunde unterschiedliche Temperamente haben. Sie leben mitten unter uns, anders als das Tier, vor dem ich gewarnt worden war, und als ich den Weg in den Wald erreichte, hatte ich das Gefühl, meine Welt zu verlassen und in seine einzudringen.

Ich habe noch nie ein echtes Wildschwein gesehen. Ich weiß, dass sie sich in Großbritannien wieder verstärkt ansiedeln, aber mir kommen sie trotzdem immer noch vor wie eine Herdenversion des Ungeheuers von Loch Ness. Nachdem Wildschweine im 17. Jahrhundert durch die Jagd beinahe ausgerottet waren, haben sie sich seit den 1980er-Jahren von Schottland bis zur Südküste Englands in bewaldeten Gebieten wieder ausgebreitet. Heute wird der Wildschweinbestand in Großbritannien auf etwa 4000 Tiere geschätzt. Das mag sich nicht nach besonders viel anhören, aber ein erwachsener Eber kann um die 150 kg auf die Waage bringen und besteht aus Muskeln und Hauern. Es ist unwahrscheinlich, dass er die Flucht ergreift wie ein erschreckter Hase oder ein Reh, wenn man ihn stört. In ländlichen Gebieten Europas, vor allem im Osten, kommen Wildschweine jedoch häufig vor, und vor allem daran dachte ich, als ich die asphaltierte Straße hinter mir ließ und in den Wald hineinlief.

Meine Laufschuhe knirschten im Schnee, und die Sonne stand tief hinter den Bäumen. Ich kam mir auf einmal sehr allein vor und achtete verstärkt auf jede Bewegung und jedes Geräusch. Über Wildschweine wusste ich nur, dass sie ihr Territorium verteidigen, wenn sie gestört werden, und ich lief ohne Genehmigung mitten durch ihr Reich. Ich gebe zu, dass ich ein wenig schreckhaft reagierte, Bewegungen im Gebüsch sah, wo es keine gab, und je schneller mein Herz schlug, wenn ich ein Geräusch hörte, desto schneller lief ich auch. Als ich ein fernes, gutturales Schnauben hörte, verlor ich völlig die Nerven. In meiner Fantasie stand mir der Angriff eines wilden Tieres bevor, das plötzlich meine größten Ängste verkörperte. So beiläufig ich konnte, drehte ich um und lief den Weg zurück, den ich gekommen war.

»Sie hatten Glück«, sagte die Dame an der Rezeption zu mir, als ich ihr bei meiner Rückkehr von dem Erlebnis berichtete. Ich bin mir ziemlich sicher, dass sie mir lediglich erzählte, was ich hören wollte. Höchstwahrscheinlich hatte ich mich nur vor meinem eigenen Schatten erschreckt, aber ich war ein zahlender Hotelgast und durfte nicht verspottet werden. Nichtsdestotrotz ging ich mit einem geschärften Gespür dafür, dass es unsere Veranlagung ist, uns vor Wildschweinen zu fürchten, auf mein Zimmer. Wie der Bär ist es ein Geschöpf, das für uns hinter einer Trennlinie lebt – und dahinter lauert Gefahr, sollten wir uns zu weit von zu Hause entfernen.

## Die Kreuzung

Da unsere Vorfahren sich nicht in nette Hotels zurückziehen oder den Zimmerservice für ihre Bedürfnisse in Anspruch nehmen konnten, fürchteten sie sich zu Recht vor Bär und Wildschwein, wenn sie sich in die Wälder wagten. Schließlich verfügten all diese Geschöpfe in ihrem Bereich über einen signifikanten Vorteil: Sie witterten den Menschen, bevor er sie sah, was außer dem Jäger mit Sicherheit alle verunsicherte. Also ließ man sie am besten in Ruhe.

Und doch sah das Wildschwein die Welt, die jenseits seiner eigenen lag, mit anderen Augen. Im Gegensatz zum Bären wagte sich das Wildschwein aus seinem Reich in unseres. Verfolgt man diesen Gedanken weiter, dann brach es damit den Zauber zwischen Mensch und wildem Tier. Ich stelle mir vor, dass die Wildschweine das nur zögernd taten, indem sie sich im Schutz der Nacht vorwagten, um zu fressen, was in der Nähe der Ansiedlungen zu finden war. In gewisser Weise hatten sie so einen Weg in das Leben der Menschen gefunden, der keine Bedrohung darstellte. Indem sie den Abfall wegräumten, der sonst nur Ungeziefer anziehen würde, gaben diese Vorläufer des Hausschweins etwas zurück und legten so den Grundstein für eine dauerhafte Beziehung.

»Das Wildschwein ist eigentlich ein wildes Tier«, sagt Professor Mendl, als wir uns darüber unterhalten, dass wir die Dinge auf eine andere Ebene brachten, als wir Geschmack an seinem Fleisch fanden. »Aber manche waren bestimmt kühner als andere und wollten Umgang mit Menschen, und so kam es nach und nach zu Selektion und Züchtung.«

## Eins mit dem Schwein

Wenn man Fossilien studiert, kann man in der Zeit zurückblicken und die Evolution des Schweins verfolgen, während der Mensch vom Jäger und Sammler zum sesshaften Ackerbauern wird. Für die Schweinehirten war die Entwicklung des gelehrigen Tieres aus seinem wilden Vorfahren jedoch kaum wahrnehmbar. Jede Generation übernahm die Arbeit der vorangegangenen, und nur langsam, von einem Jahrhundert zum nächsten, veränderten sich Gestalt und Wesen des Schweins. Der Schwanz ringelte sich, der Schädel wurde breiter und die Nase zu einem platten Rüssel. Die dunklen Borsten wurden weicher und wichen schließlich rosiger, haarloser Haut, während die Wildheit und Wut, die ein angriffslustiges Wildschwein definierten, nachließen und die sanfte Seele zum Vorschein brachten, die wir heute kennen.

Das Schwein ließ sich in vielerlei Hinsicht domestizieren, um einen Platz in unserer Welt zu erhalten. Indem es sich für immer veränderte und sich unseren Bedürfnissen anpasste, brachte es uns näher zusammen.

Über die Jahrhunderte wurde unsere Beziehung immer enger. Das Schwein ist das letzte Zeichen im chinesischen Tierkreis, weil es als Letztes erschien, als der Jadekaiser eine Versammlung der Tiere einberief. In dieser Geschichte wird das Schwein für seine Aufrichtigkeit und Entschlossenheit gefeiert, weil es zugibt, dass es unterwegs eingeschlafen ist. Allerdings glaubt man auch, dass daher sein Ruf stammt, faul zu sein.

In anderen Volksmärchen wird das Schwein mit unterschiedlichen Eigenschaften beschrieben. Im alten Ägypten war das Schwein verbunden mit Set, dem Gott der Stürme und des Chaos, bei den Ureinwohnern Amerikas galt es als Vorbote von Regen, während es bei den Kelten für Fruchtbarkeit und Überfluss stand. Schweine finden auch in Religionen Niederschlag. Am bekanntesten ist sicher, dass Islam und Judentum seinen Verzehr per Gesetz verbieten. Im Buddhismus gibt es eine Darstellung der Gottheit Marici, die als schöne Frau im Lotussitz auf sieben Sauen sitzt, und das Neue Testament kennt die Geschichte vom Exorzismus des besessenen Geraseners, in welcher Jesus einen

Besessenen heilt, indem er die bösen Geister in eine Schweineherde verwandelt.

Auf der ganzen Welt, in fast allen Kulturen verkörpern Schweine Extreme des menschlichen Geistes, von Faulheit, Völlerei und Schmutz bis hin zu Unbezähmbarkeit und schierer Lebenslust. Eine Mitte gibt es nicht. Ob man das Schwein liebt oder hasst, es ist da.

Der weltweite Schweinebestand wird heute auf über eine Milliarde Tiere geschätzt. In der Mehrzahl dienen sie dem Verzehr, wobei Züchtungen wie das deutsche Edelschwein und die Deutsche Landrasse, Duroc und Piétrain für schnelles Wachstum und große Würfe optimiert wurden. Nach dem Zweiten Weltkrieg war die Schweinezucht ein großes Geschäft, doch in den letzten Jahrzehnten wurde wieder mehr Wert auf seltene Züchtungen gelegt. Ganz abgesehen vom Wohlergehen der Tiere sowie von Textur und Geschmack des Fleischs, wirkt der Anblick eines Schweins, das in der Sonne die Erde umpflügt, beruhigend.

Auf kleineren Höfen oder Bio-Farmen findet man noch das Gloucester Old Spot, das Berkshire und das Tamworth, das Oxford Sandy and Black und das Saddleback. Diese Züchtungen unterscheiden sich zwar körperlich voneinander, und einige weisen Verhaltensmerkmale auf, wie etwa die bemerkenswerten Ausbruchsfähigkeiten des Tamworth-Schweins, aber jedes Schwein besitzt auch eine eigene Charakter- und Geistesstärke, die eines sofort vom anderen abgrenzt.

Wenn Sie sich einem Gehege oder einem Feld voller Schweine nähern, werden Sie garantiert begrüßt. Ganz gleich ob die Tiere mutig oder scheu sind, sie registrieren immer Ihre Anwesenheit – vor allem wenn Sie ihnen etwas zu fressen bringen – und hören nicht auf, mit Ihnen zu reden. Von den *Drei kleinen Schweinchen* bis zu George Orwells Revoluzzer-Schwein, von Winnie Poohs furchtsamem Freund Ferkel bis zu Miss Piggy, Wilbur und Babe haben wir in den Geschichten, die wir einander erzählen, um uns besser zu verstehen, Schweinen menschliche Züge verliehen.

Schweine sind jedoch keineswegs Menschen. Mit ihren übergroßen Ohren und ihren Steckdosen-Schnauzen haftet ihnen etwas Überirdisches an, und doch ist die Verbindung sofort da, wenn wir ihnen in die Augen schauen. Was ihnen so durch den Kopf geht, können wir nur vermuten. Ob durch Emotionen, Instinkt oder eine Mischung von beidem – das Band ist mit der Zeit stärker geworden und wächst immer weiter. Sehen Sie sich doch nur die Fortschritte in der modernen Medizin an. Wir haben nicht nur das Erbgut der Schweine entschlüsselt und uns dadurch ihre innere Welt erschlossen, sondern wir haben auch festgestellt, dass unsere anatomische und physiologische Beschaffenheit – einschließlich unseres kardiovaskulären Systems – bemerkenswert ähnlich sind. Wir verwenden bereits Schweinegewebe bei manchen lebensrettenden Operationen, und in der nahen Zukunft wird sicherlich der Zeitpunkt kommen, wo das Schwein als Spender für Organtransplantationen zur Verfügung steht.

In gewisser Weise sind wir im Herzen bereits vereint.

# 3

# Der Geist eines Schweins

## Stränge

Das Tierreich wird immer ein Geheimnis für uns bleiben.
Wir können es erforschen, aus biologischer oder behavioris-
tischer Sicht, aber diesen einzelnen Strang, der eine Spezies
zusammenhält, werden wir nie gemeinsam haben. Als Menschen verstehen wir einander auf eine Art, die der Hund und
die Kuh von ihrer eigenen Welt aus nur beobachten können.
Und wenn wir einen Blick in das Reich des Schweins werfen, geschieht dies aus einer gewissen Distanz.

Wenn wir uns also fragen, was ein Tier wie das Schwein
bewegt, sollten wir uns nicht davor scheuen, auf unsere Fantasie zurückzugreifen. Genau das hat George Orwell in
*Farm der Tiere* getan, indem er den Aufbau einer schlagkräf-
tigen Truppe aus den Tieren des Hofes natürlich dem
Schwein übertrug, weil es das klügste Tier auf dem Hof sei.
Natürlich können wir nie wirklich wissen, ob ein Schwein

Liebe oder Trauer empfindet, berechnend, entschlossen oder verträumt ist, aber wenn wir akzeptieren, dass es eine fühlende Kreatur ist wie wir, dann haben wir das Vokabular, um diesen fehlenden Strang zu erforschen.

## Der Klügste überlebt

Butch, mein nicht so kleines Minischwein, lebte im Schatten seiner sogenannten Schwester. Da sie zusammen aufgewachsen waren, waren sie einander sicher wie Geschwister verbunden. Sie schliefen im gleichen Verschlag, lagen Seite an Seite, standen zur gleichen Zeit auf wie die Hühner und pickten und wühlten sich dann gemeinsam durch den Tag.

Die Größe bestimmt auch bei Schweinen die Hackordnung, und diese schrieb vor, dass Roxi das dominante Schwein war. Zur Futterzeit schob sie Butch so heftig beiseite, dass es ihn umhauen konnte. Zuerst fand ich das beunruhigend und machte mir Sorgen über eine mögliche Verletzung zur Frühstückszeit. Ich füllte ihre große Plastikschüssel und versuchte dann, alles so hinzudrehen, dass Butch als Erster daran kam. Das bedeutete, dass ich mich zwischen Roxi und die Schüssel stellen musste. Dann fand ich heraus, dass Roxi versuchte, *mich* beiseitezuschubsen, sodass diese Strategie nicht allzu lange funktionierte.

Obwohl sie darauf bestand, vor Butch zu frühstücken, aß sie die Wasserkastanien, die ich in die Schüssel gegeben hatte, nie ganz auf. Das mag daran gelegen haben, dass Roxi doppelte Portionen nicht schaffte, aber vielleicht ließ sie ihm auch absichtlich etwas übrig. Auf jeden Fall bekam Butch immer sein Frühstück. Er ordnete sich ihr eben nur immer unter. Bis er anfing, seinen Verstand zu gebrauchen.

Bis zu einem gewissen Maß folgte er nur Roxis Beispiel. Sie hatte herausgefunden, dass ich, wenn sie beim Aufwachen viel Lärm machte, sofort wie ihr persönlicher Diener angelaufen kam. Wenn ich sage Lärm, meine ich ein markerschütterndes Kreischen, das mit Sicherheit dem Geräusch beim Öffnen der Tore zur Hölle ziemlich nahekam. Wenn sie im Morgengrauen loslegte, zwang sie mich, mit halb zugebundenem Morgenmantel aus dem Haus zu rennen, um sie zum Schweigen zu bringen, bevor sich auch der letzte unserer Nachbarn gegen uns wandte.

Mit der Zeit wurde ich so ängstlich, dass ich mir den Wecker auf die Zeit kurz vor ihrem Erwachen stellte. So hatte ich zumindest Zeit, in meine Gummistiefel zu schlüpfen, statt barfuß hinzurennen. Eine Zeit lang funktionierte das auch. Wenn ich mich zum Schweinestall schlich und geräuschlos den Riegel anhob, konnte ich das Frühstück dort deponieren und wieder im Bett liegen, bevor Roxi auch nur Luft holen konnte.

Nach Einführung meiner neuen Strategie litt ich zwar einige Wochen unter Schlafmangel, lebte jedoch mit meiner Nachbarschaft im Frieden. Da bemerkte ich eines Tages, als ich leise die Schüssel füllte, dass ich beobachtet wurde. Ich hielt inne und blickte zum Schlafplatz der Schweine hinüber. Im grauen Licht der Dämmerung blickten mich zwei verhangene Augen an.

»Pssst«, flüsterte ich Butch zu und beendete meine Arbeit.

Ich zog mich in den Garten zurück und schloss das Tor hinter mir. Während ich das tat, schlüpfte das kleine schwarze Schwein ins Freie, und zwar so leise, dass ich nur das Stroh rascheln hörte. Die Sonne ging gerade hinter dem Wald auf. Butch reckte sich und ging dann zur Schüssel. Ich rechnete damit, dass Roxi ihm sofort folgen würde, aber während er zu fressen begann, schlief sie weiter und zuckte noch nicht einmal mit den Ohren. Erst als ich wieder im Bett lag und meinen Wecker noch eine halbe Stunde vorgestellt hatte, hörte ich das vertraute Grunzen und Quieken. Nur hörte es diesmal so schnell auf, wie es angefangen hatte. In der Stille, die folgte, gewann meine Neugier die Oberhand. Ich trat ans Fenster, zog den Vorhang zurück und spähte nach draußen. Dort, unter den ersten Sonnenstrahlen, gerade als Roxi gierig ihren gerechten Anteil an

42

Wasserkastanien verspeiste, sah ich den gerissenen kleinen Eber zu einem Schläfchen nach dem Frühstück ins Bett zurückgehen.

Da ich das Ganze für ein einmaliges Vorkommnis hielt, musste ich es meiner Frau und meinen Kindern einfach mitteilen. Aber als ich im Lauf der nächsten Tage feststellte, dass Butch mich jeden Morgen neben seiner schnarchenden Partnerin erwartete und dann den gleichen Trick wieder anwandte, dachte ich, er ist ebenso clever wie klein.

Es dauerte eine Weile, bis Roxi ihn durchschaute und in der Lage war, genauso früh wie Butch aufzuwachen. Natürlich forderte sie ihre Stellung als Schwein mit dem Recht auf die erste Mahlzeit wieder ein. Butch schien sich in die Situation zu fügen und zog sich ein bisschen zurück. Als er unter den Kau- und Schmatzgeräuschen seiner Schwester den Rückweg antrat, warf ich ihm zum Trost ein paar zusätzliche Kastanien hin, um ihn zu beschäftigen, während er wartete.

## Das Schwein im Labyrinth

Professor Mendl reagiert auf meine Geschichte wie ein erfahrener Vater.

»Anfangs hat ihr Schwein bestimmt geschrien, um Hunger auszudrücken«, sagte er. »Aber wenn sie dieses Verhalten belohnen, lernen sie natürlich daraus.«

»Ich hatte das Gefühl, keine andere Wahl zu haben«, sage ich zu ihm.

»Wenn es ein Kind wäre, würden sie es ignorieren.«

Ich weiß natürlich, dass er recht hat. Vielleicht hätte Roxi aufgegeben, wenn ich ihr nicht nachgegeben und das Frühstück zu meinen Bedingungen serviert hätte. Ich bin mir jedoch ziemlich sicher, dass wir dann von diversen Haushalten in einem Radius von fünfhundert Metern um uns herum Klagen wegen Ruhestörung am Hals gehabt hätten. Aber ungeachtet meiner Handlungsweise interessiert mich vor allem die Tatsache, dass jedes Schwein versucht hat, die Situation zu seinem Vorteil zu manipulieren. Hieß das, sie waren klug und gerissen oder beides? Da der Professor einer der größten Schweine-Experten im Land ist, scheint er sich zu freuen, als er von meinen fragwürdigen Qualitäten als Schweinehalter zu seinem Spezialthema übergehen kann.

»Die Frage, ob Tiere einen hereinlegen können, begann mit einer Studie über Schimpansen«, sagt er. »In der ursprünglichen Studie ging es um eine Schimpansin namens Bella. Die Forscher legten Futter an einem bestimmten Ort für sie aus. Sie nahm das Futter und kehrte dann zu ihrer Gruppe zurück. Schließlich kam ihr das erwachsene Männchen auf die Schliche, folgte ihr und nahm das Futter selber. Beim nächsten Mal täuschte Bella ihn, indem sie ihn vom Futter wegführte, bevor sie zurückrannte, um es sich zu holen.«

Die Geschichte ist so süß wie erhellend, aber Professor Mendl möchte vor allem darauf hinweisen, dass das nicht bedeutet, Schimpansen könnten erfolgreiche Pokerspieler werden. »Es ist raffiniert«, sagt er, »aber wir sind uns nicht sicher, dass es sich um eine absichtliche Täuschung handelt. Sie sind Primaten und sehen ein bisschen aus wie wir, und deshalb ziehen die Leute nur zu gerne diesen Schluss. Bei Schweinen sind wir dagegen skeptischer.«

Um bei seinen Forschungen nicht in die Falle zu tappen, glauben zu *wollen*, dass Schweine genauso wie wir denken und fühlen, legte der Professor mit zwei Kollegen ein Labyrinth an, in dem an einer Stelle Futter versteckt war. Sie ließen ein Schwein in das Labyrinth, beobachteten, wie es herumrüsselte und sich überlegte, wie es das Futter finden sollte. Beim zweiten Versuch zeigte das Schwein sowohl räumliches Bewusstsein als auch Erinnerungsvermögen, indem es sofort zur Futterquelle lief.

In der nächsten Phase folgte ein größerer, dominanterer Gefährte dem informierten Schwein ins Labyrinth.

»Das größere Schwein kapierte schließlich, dass das andere wusste, wo es hingehen musste«, sagt der Professor. »Und als das informierte Schwein zum Futter kam, folgte ihm das größere Schwein und schob es beiseite.«

Ich nicke, weil ich daran denke, wie Roxi Butch von der Frühstücksschüssel wegdrängte, im Prinzip ein Frontalangriff.

»Nachdem das ein paarmal passiert war«, fährt der Professor fort, »ging das Schwein mit dem Wissen nicht mehr direkt zum Futtereimer. Eine Möglichkeit ist nun, dass das informierte Schwein sich dachte: ›Ah, das dominante Schwein nimmt mir immer das Futter weg, also mache ich es jetzt mal anders‹. Andererseits«, sagt er, »wollte das informierte Schwein vielleicht nur das dominante Schwein meiden, weil ständig negative Dinge passierten. Sobald also das dominante Schwein aus dem Weg war, rannte es zurück zum Futter. So oder so, es hat etwas mit Wissen zu tun. Sie lernen durch Assoziation, was sie tun müssen. Wenn sie erst einmal verstanden haben, wann sie die Belohnung bekommen und wann nicht, können sie ihr Verhalten sehr schnell anpassen.«

Ich betrachte meine Erfahrung im Licht von Professor Mendls Erkenntnissen. Haben Butch und Roxi einander bewusst getäuscht, um zuerst an die Frühstücksschüssel zu kommen? Meiner Ansicht nach hat jeder der beiden für sich über die Situation, mit der sie konfrontiert waren, nachgedacht und dann herausgefunden, wie er sich vormogeln kann.

Nach den Erkenntnissen des Professors kann man ein Schwein verstehen, indem man seine Fähigkeit zu *lernen* anerkennt. Einer seiner Kollegen hat zum Beispiel einen Beweis dafür gefunden, dass Schweine letztendlich das Prinzip der Spiegelung verstehen können. Er hatte ein Schwein in eine Arena gelassen, wo an einem Ende ein Spiegel vor einer Barriere platziert worden war. Aus einem bestimmten Winkel konnte das Schwein eine Futterquelle auf der anderen Seite sehen. Statt gegen das Glas zu laufen, sagt der Professor, schien das Schwein zu überlegen, wie es die Spiegelung nutzen konnte, um an das Futter zu kommen. Ob ein Schwein sein *eigenes* Spiegelbild erkennen kann, was einen gewissen Grad an Selbsterkenntnis bedeuten würde, wissen wir schlicht nicht, aber wir vermuten beide, dass zwischen den Ohren eines Schweins eine Menge vorgeht.

Professor Mendl und seine Kollegen denken sich faszinierende Methoden aus, um zu erforschen, wie klug oder raffiniert Schweine sind. Ich kann nach meinem Wissen und unter zutiefst unwissenschaftlichen Bedingungen nur sagen, dass ich zwei Schweine kannte, die mich wiederholt reingelegt haben.

## Wendys Welt

»Ich glaube schon, dass Schweine viel begreifen, aber es gibt eine breite Spanne zwischen klugen Schweinen und dummen Schweinen. Bei Menschen ist es ja auch nicht anders.«

Wendy Scudamore hat eine solche Leidenschaft für Schweine, dass sie ihren Blick aufs Leben prägt. Versteckt auf einer idyllisch gelegenen Farm an den Hängen des Golden Valley in Gloucestershire, schaut man von ihrem Cottage über steile Hügel mit einzelnen Waldflecken im frühmorgendlichen Dunst. Wales liegt nicht weit von uns im Westen, man hat dort einen Blick auf die Black Mountains in Richtung Brecon, unter einem weiten Himmel, über den die Wolken ziehen. Bei einem Besuch eines Morgens im Spätfrühjahr werde ich am Tor von einer Vorhut von Ferkeln gestoppt. Sie wühlen auf dem Weg zur Farm nach den Resten von Kraftfutter. So sind sie vertieft in ihre Suche, dass ich nicht genau weiß, ob sie mich überhaupt wahrnehmen. Aber vermutlich doch.

Fünf Minuten später, nachdem sie mich endlich hereingelassen haben, klopfe ich an die Tür des Farmhauses. Eine dunkelhaarige elegante Gestalt in einer schmutzigen Latzhose, die hinten mit silbernem Klebeband geflickt ist, begrüßt mich. Wendy lebt hier seit 1992, aber für sie ist es mehr als ein Zuhause. Sie stellt mich ihrem Sohn vor, der gerade von der Universität zurück ist und mit seinem Hund rauswill, während draußen im Hof und auf den Feldern und Wiesen die Schweine all das zu einer bemerkenswerten kleinen Welt machen. Als Wendy Teewasser aufsetzt und mich fragt, ob mir frische Ziegenmilch recht sei, weil sie nichts anderes dahat, betrachte ich die vielen Familienbilder. Es fasziniert mich, auf wie vielen Familienfotos die Kinder Ferkel im Arm halten oder im Hintergrund eine dicke Sau liegt. Wendy ist zweifellos ein Schweinemensch, und ich bin hier, um von ihr zu lernen.

»Früher habe ich Werbung für die Intelligenz von Schweinen gemacht, indem ich auf landwirtschaftlichen Messen Agility-Kurse gab«, erzählt sie mir bei einer Tasse Tee, der ein bisschen anders, aber gut schmeckt. »Ich hatte ein reizendes Schwein, das es gerne zu Musik machte. Es lief hinter mir her, und ich sagte ihm, was es tun sollte. Ich wollte zeigen, dass Schweine nicht nur Fleischklumpen sind, die man in einen Stall stecken, aufziehen und essen kann. Ein Schwein ist ein fühlendes, emotionales und sehr zärtliches Geschöpf, und ich hoffte, es würde die Leute ermutigen, sich mehr Gedanken über das Schweinefleisch zu machen, das sie kaufen.«

Als Besitzer eines lebhaften Zwergdackels und eines je nach Bedarf tauben griechischen Straßenhunds freut es mich zu erfahren, dass Wendy glaubt, manche Schweine würden, wie Hunde, Tricks schneller lernen als andere.

»2010 bekam ich das Angebot, drei kleine Schweine für das Filmfestival in Cannes zu trainieren«, erzählt sie mir. »Ich habe dazu einen Clicker benutzt, was den Tontechniker wahnsinnig machte, aber vor allem ein Schwein tat alles, was ich wollte. Brad war fantastisch. Er saß da und wartete darauf, dass ich ihm sagte, was er tun sollte. Die anderen beiden hörten gar nicht zu. Nicole Pigman war die Schlimmste«, sagt sie, und ich bemühe mich, nicht zu grinsen. »Sie schenkte mir einfach keine Aufmerksamkeit. Sie waren alle aus dem gleichen Wurf, nur eben unterschiedliche Geschlechter.«

»Hat es denn etwas damit zu tun, ob es Jungs oder Mädchen sind?«, frage ich.

»Das dritte Schwein war ein Eber, und er war ziemlich schlau, aber der Star war Brad. Ich glaube, es hat etwas mit der Konzentrationsspanne zu tun«, sagt sie. Dann erzählt sie mir, dass Brad noch lebt und es ihm gut geht. Er genießt den Herbst seines Lebens auf einer der Weiden. Sie spricht von ihm wie von einem befreundeten Schauspieler im Ruhestand. Während sie weitererzählt, geht mir durch den Kopf, dass Wendy mit jedem ihrer Schweine ein lebenslanges Band verbindet, weil sie anerkennt, dass es Geschöpfe von erheblicher Intelligenz sind.

# Nach Bertie

Durch meinen begrenzten Erfolg im Hundetraining weiß ich, dass Belohnungen ein wichtiger Motivator sind. Der Clicker ist nur effektiv, wenn der Hund das Geräusch mit etwas assoziiert, bei dem ihm das Wasser im Maul zusammenläuft, aber funktioniert das bei Schweinen auch? Ich frage Professor Mendl und bin nicht wenig erfreut über seine wohlüberlegte Sichtweise.

»In meinen Tests werden Schweine motiviert, indem man sie mit Futter belohnt«, sagt er. »Wir wissen es zwar nicht genau, aber es scheint den Schweinen zu gefallen. Wenn wir den Labyrinth-Test mit ihnen machen, gewinnt man den Eindruck, dass es die Aufgabe ist, die ihnen Freude macht, und nicht zwangsläufig nur das Futter. Beides ist schwer voneinander zu trennen«, fährt er fort, »aber wenn wir mit ihnen einige Tage lang arbeiten, lernen sie, in welcher Reihenfolge sie ihre Boxen verlassen und sich aufstellen sollen. Sie denken also: ›Bertie ist der Erste, und dann komme ich.‹ Sie lernen diese Sequenz und wissen, wann sie herauskommen müssen.« Der Professor erzählt mir, er habe sogar schon Fälle erlebt, wo ein Schwein ein anderes beiseiteschubste, wenn es in der falschen Reihenfolge dastand.

»Sie ziehen die Aufgabe also entschlossen durch«, sage ich.

»Sie sind motiviert, etwas zu tun, das einigermaßen interessant ist«, erwidert der Professor, wobei er seine Worte mit der Präzision seiner Arbeitsanforderungen wählt.

Ich denke an Wendy und ihr Agility-Schwein in der von Strohballen gesäumten Arena und frage mich, wer wohl den meisten Spaß hatte.

## Intelligenzbestien

Eine Zeit lang verbrachten Butch und Roxi ihre Tage friedlich mit meinen Hühnern. Die Schweine erwiesen sich als fantastische Abschreckung gegen Füchse, und das Szenario schien ideal zu sein. Sie hatten ihre Schlafplätze an einer Seite des Geheges und die Hühner an der anderen. So lernten sie in aller Ruhe, miteinander auszukommen. Die Schweine hatten natürlich einen Größenvorteil, und wenn sie an einer Stelle anfingen zu wühlen, hielten die Hühner gebührenden Abstand. Die aus der Legebatterie geretteten Hühner ertrugen jedoch keine Dummheiten. Wenn ihnen etwas nicht passte, wurden sie sehr schnell ärgerlich und setzten ihre scharfen Schnäbel ein. So entwickelte sich mit der Zeit ein gegenseitiger Respekt.

Bis die Schweine kapierten, dass die Hühner in ihrem Stall Schätze legten.

Ich hatte daran gedacht, dass die Eier ein Problem sein könnten. Andererseits war der Nistkasten hinten am Hühnerhaus, und ich glaubte nicht, dass Butch und Roxi darauf kämen, warum die Hühner sich jeden Morgen dorthin zurückzogen. In meinen Augen war das System schweinesicher.

In gewisser Hinsicht waren die Hühner selber schuld. In der Schar war eine stimmgewaltige Leghorn-Henne, die gerne verkündete, wie erfolgreich sie gewesen war, indem sie minutenlang laut gackerte. Vielleicht war etwas an ihrem Tonfall, dass Butch und Roxi schließlich sagte, man könnte ja mal nachgucken, und das taten sie dann auch, und die Aktion ähnelte einer Polizeirazzia in einem Drogenschuppen im Morgengrauen.

Als Roxi ihren großen Kopf in das Hühnerhaus rammte, um sich ein Ei zu schnappen, gefolgt von ihrem Kollegen, explodierten die Hühner in Federn und Wutgeschrei. Roxi und Butch mussten sich zahlreicher Schnabelhiebe erwehren, während sie den Rückzug zu ihrem Schlafplatz antraten, wobei ihnen das Eigelb provokativ aus den Mundwinkeln tropfte. Ich beobachtete mit schwerem Herzen vom Schlafzimmerfenster aus, wie die Hühner sich zu einer Protestkundgebung vor ihrer Tür formierten, um sich dann, eine nach der anderen, klugerweise zurückzuziehen.

Um ihnen bei der Verteidigung ihrer Eier zu helfen, die ja im Prinzip meine Miete waren, erhöhte ich die Beine des Hühnerhauses. Weder Butch noch Roxi könnten die schmale Rampe überwinden, die hinaufführte, dachte ich, und ich hatte recht. Sie untergruben die Beine einfach, bis das gesamte Hühnerhaus umkippte.

Eine Woche lang versuchte ich mit verschiedenen Mitteln, die Schweine daran zu hindern, an die Eier zu kommen. Sie stemmten die Füße tief in den Boden und senkten das Hühnerhaus so weit, dass sie wieder daran kamen, während Butch die Entdeckung machte, dass die Eier hochhüpften und herausrollten, wenn er von unten mit dem Kopf gegen den Nistkasten stieß. Angelockt von ihrer Trophäe, fanden Butch und Roxi jedes Mal einen Weg. Für sie wurde das Ganze zu einer täglichen Aufgabe, die oftmals ebenso viel Genialität wie körperliche Kraft erforderte, und keiner von beiden gab auf, bis sie, wie beabsichtigt, mit eiverschmierten Gesichtern von dannen zogen. Schließlich evakuierte ich die Hennen und stellte das Hühnerhaus auf den Rasen, bevor einer noch ein Auge verlor oder die Schweine Geschmack an Hühnern fanden. Rasch kehrte wieder Frieden in den Überresten meines Gartens ein, zusammen mit der Erkenntnis, dass trotz all meiner Anstrengungen, den schlauen und erfinderischen Fuchs abzuwehren, nichts gegen die Hartnäckigkeit eines Schweins ankam.

## Die Reise und das Ziel

Manchmal kommt es mir so vor, als ob das Hausschwein schon alles weiß. Alles, was Butch und Roxi zwischen dem Aufwachen und Einschlafen tun, wird mit solchem Enthusiasmus unternommen, dass jede Leckerei als Belohnung am Ende beinahe zweitrangig erscheint. Sehen Sie nur einmal einem Schwein bei seinen Erdarbeiten zu, und Sie werden feststellen, dass Sie stundenlang zusehen könnten, wie es unablässig gräbt. Es benutzt seine Schnauze wie eine Schaufel, stößt sie hinein, schaufelt und wirft die Erde hoch in die Luft. Es ist verzeihlich zu glauben, dass es auf der Jagd nach etwas ganz Besonderem ist. Gegen Ende der Grabung sehen Sie in dem entstandenen Krater möglicherweise nur noch das Hinterteil des Schweins mit dem Ringelschwänzchen, während es sich auf seinen Preis zu arbeitet ... höchstwahrscheinlich eine halb vergammelte Eichel, die mit einem Bissen verschwunden ist. War das wirklich die ganze Mühe wert?

»Sie forschen eben einfach gerne«, sagt Professor Mendl, dessen Berichte über die Aufgaben, die er den Schweinen stellt, mich nicht nur mit erhellenden Daten versorgen, sondern die auch so klingen, als hätten alle Beteiligten großen Spaß daran. »Wir legen immer wieder neue Dinge in die Gehege, verändern oder modifizieren Aspekte, und sie finden immer wieder neue Wege, um sie zu entfernen oder zu vernichten. Einmal hatten wir in einem Betonstall einen Abflussdeckel. Er lag flach auf dem Boden, und anscheinend hatten sie keine Möglichkeit, ihn anzuheben. Aber jeden Tag, wenn ich in den Stall kam, war er wieder weg. Ich musste ihn überall suchen und fand ihn schließlich hinter einer Abdeckung oder unter dem Stroh verborgen.«

Das Verhalten des Schweins in dieser Hinsicht überrascht mich kaum, aber mich interessiert, woher dieser Forscherdrang kommt.

»Wahrscheinlich Futter«, sagt er, »aber sie sammeln auch Informationen über viele andere Dinge, und dieses Verhalten lohnt sich für sie irgendwie. Schweine können im Boden Geruchssignale von anderen Schweinen wahrnehmen oder herausfinden, wo sich das Graben besonders lohnt, und all das erfahren sie, während sie herumrüsseln.«

»Oder Abflussdeckel verstecken.«

»Sie treiben gerne Unfug«, sagt der Professor. »Aber ich glaube nicht, dass sie uns absichtlich hereinlegen wollen.«

Ich verstehe, was er mir sagen will, und mir ist auch klar, dass Butch und Roxi es bei ihren begeisterten Grabungen nie darauf angelegt haben, mir Kopfschmerzen zu bereiten. Vielleicht liegt es ja nur daran, dass immer ich mich mit dem Schaden auseinandersetzen musste und es nie ein Ende zu nehmen schien.

»Schweine sind auch sehr hartnäckig«, fährt er fort. »Das trifft auf mehrere Spezies zu, aber die Art ihres Futters erfordert eben auch ausgedehnte Grabungen. Schweine demonstrieren das auf klare, offensichtliche Art und Weise.«

Ich höre ihm zu und stelle fest, dass ich aufhören muss, ihr Verhalten mit Menschen zu vergleichen, wenn ich Schweine verstehen will. Ein Hühnerhaus umzuwerfen oder einen Abflussdeckel zu verstecken bringt uns vielleicht zum Seufzen,

aber für den Täter existiert das alles nur, um erforscht zu werden. Was in meinen Augen aussieht wie ein Bombentrichter, ist in Wirklichkeit ein forensisch durchgekämmter Futterplatz. Die Grabung ist mit riesigem Enthusiasmus vorgenommen worden, jeder Stein und jeder Erdklumpen wurde umgedreht. Für mich mag es wie Chaos aussehen, aber für das Schwein ist es das Zeichen, dass es gute Arbeit geleistet hat. Und selbst wenn solche Mühen und Anstrengungen nicht mehr erbringen als eine verwelkte Unkrautwurzel, ist es trotzdem das Tüpfelchen auf dem i. Nach der Wonne des Grabens muss sie himmlisch schmecken.

## Unbewegliche Objekte

Bei ihrer längsten Flucht dauerte es fast einen ganzen Tag, bis wir unsere verschwundenen Schweine aufgestöbert hatten. Der Pfad der Zerstörung ab der zersplitterten Lücke im Zaun hatte über die Straße schnurstracks in den Ort geführt. Mit meiner Frau und den Kindern durchkämmte ich die Felder und Waldstücke auf der Suche nach Butch und Roxi. Wir riefen wiederholt ihre Namen, was jedoch lediglich die Leute aus ihren Häusern lockte, die sich unserer Suche anschlossen.

Als wir sie schließlich fanden, im alten Glockenblumen-Wäldchen am anderen Ende des Ortes, war unser Suchtrupp auf fünfzig Personen angewachsen.

Beide Schweine schienen sich der Tatsache, dass sie gerade eine geschützte Blumenart ausgruben, nicht bewusst zu sein. Ich jedoch erkannte es sofort, weshalb ich sie unbedingt aus dieser problematischen Situation herausholen wollte. Doch weder Butch noch Roxi bewegten sich. Sie waren so sehr aufs Graben konzentriert, dass sie nicht einmal meine Anwesenheit zur Kenntnis nahmen. Auch die wachsende Zahl der freiwilligen Helfer, die nach und nach auf der Lichtung erschienen, kümmerte sie nicht.

»Zeit zu gehen«, sagte ich zu Roxi und hockte mich direkt vor sie. Das Schwein reagierte, indem es ein Büschel Glockenblumen herausriss.

Einen Hund hätte ich sanft im Genick gepackt und weggezogen. Ein Schwein kann man jedoch nicht so anfassen, und dabei war ich in meinem Versuch, Roxi wegzuschieben, noch nicht einmal alleine. Sie verwandelte sich einfach in einen lebenden Anker. Und sie begann wütend zu schnauben, als sie genug von all den Händen hatte.

Butch zeigte sich ein wenig entgegenkommender. Da er eher furchtsam war, beugte er sich einem Flehen und ließ sich von ein paar Dorfbewohnern von den Blumen wegziehen. Allerdings drehte er sich bei der ersten Gelegenheit wieder um und machte sich erneut an die Arbeit. Jemand reichte mir ein Hundehalsband und eine Leine, aber als das Halsband auch nicht annähernd um ihre dicken Hälse passte, überlegte ich ernsthaft, ob wir sie nicht einfach dalassen sollten. Ich würde die Strafe bezahlen, und die zwei würden verwildern und zur Dorflegende werden. Bodmin Moor hatte seine furchterregende Bestie, und wir hätten zwei willensstarke Schweine mit einer Vorliebe für seltene Flora.

Schließlich tauchte ein Dorfbewohner, der selber Schweine hielt, mit einem Holzbrett und einem Eimer mit einer Handvoll Futter auf. Er reichte den Eimer einer meiner Töchter und wies sie an, sich damit vor Roxi hinzustellen. Zuerst schenkte ihr das Schwein keine Beachtung. Dann platzierte unser guter Samariter das Brett auf einer Seite von Roxis Blickfeld und stieß ihr leicht mit einem Stock in die Flanke. Grunzend hob das Schwein seine Schnauze und schnüffelte. Da das Brett ihr die Sicht versperrte und ihre Sinne den Geruch von Schweinefutter wahrnahmen, machte sie einen Schritt vorwärts, dann einen zweiten, während meine Tochter mit dem Eimer, der Dorfbewohner mit dem Brett und die Menge hinter Butch sich langsam nach Hause in Bewegung setzten.

Als ich die Geschichte Professor Mendl erzähle, erwarte ich, dass er mir den alten Glauben bestätigt, dass Schweine von Natur aus stur sind. Stattdessen liefert er mir eine ganz vernünftige Erklärung. Sie erinnert mich auch daran, dass alles viel einfacher gewesen wäre, wenn unsere Schweine so klein geblieben wären wie angekündigt.

»Es ist sehr schwer, ein Schwein zu etwas zu überreden«, sagt er. »Aber das liegt an seiner Größe. Man merkt es, wenn sie stur sein wollen, aber wenn eine Katze genau das Gleiche tut, nimmt man sie einfach auf den Arm. Tatsache ist, dass viele Tiere ihr Ding durchziehen oder einen ignorieren«, fügt er hinzu. »Aber bei den größeren ist eben auch die Sturheit wesentlich größer.«

## Mehr Schwein sein

Von klein auf wenden wir uns an die Tierwelt, damit sie uns hilft, menschliches Verhalten zu verstehen. Die Charaktere in den Geschichten, die wir erzählen und die uns helfen sollen, unsere Identitäten und Werte zu definieren, reichen von der Schlange, der man nicht vertrauen kann, über die weise Eule und den schlauen Fuchs bis zum brummigen Bär. Oftmals auf Mythen und Fabeln zurückgreifend, sind solche Märchen unterhaltsam und dienen einem nützlichen Zweck, aber verzerren sie nicht unsere Beziehung zu den Tieren selbst? Mein Dackel kann mir gehorchen, wenn ich ein Leckerchen in der Hand habe, aber ein anderes Mal sitzt er vielleicht auf dem nächsten verfügbaren Schoß. Das Gleiche gilt für den angeblich mutigen Löwen, den sturen Esel und zahlreiche Geschöpfe, die wir mit Attributen bedacht haben, die nicht zwangsläufig ihre wahre Natur widerspiegeln.

Wie Wendy Scudamore sehe auch ich mittlerweile Schweine als individuelle Charaktere. Manche machen einen charmanten ersten Eindruck, andere sind kühn, kriegerisch, verspielt oder freigeistig, aber wenn man lange Zeit mit einem Schwein verbringt, nimmt seine Persönlichkeit Formen an. Sie ist ebenso ausgefeilt wie unsere, aber sein Verstand arbeitet auf einer sensorischen Ebene, auf welcher der Geruch eine Welt erschließt, die wir nicht verstehen können.

Wir wollen also das Schwein nicht als gierig oder unordentlich abtun, wo es in Wirklichkeit ein hart arbeitendes Geschöpf ist, das mit Leidenschaft die Erde umpflügt, auf der Suche nach einem kleinen bisschen Futter. Können wir wirklich ein Schwein faul nennen, wenn es bereit ist, den ganzen Tag in der Erde zu wühlen, um etwas Leckeres zu entdecken? Ich habe vielleicht im Anfang meine beiden Schweinchen als mutwillig destruktiv bezeichnet, aber für sie ist das Umpflügen des Rasens eine fortschrittliche Maßnahme und ein Mittel, ihre Umgebung kennenzulernen. Ja, sie können eigensinnig sein, aber das kann ich auch, und wenn ich mich ebenso wie sie auf eine Aufgabe konzentrieren und nicht aufgeben würde, bis sie beendet ist, dann wäre auch ich wesentlich produktiver.

Wir haben dem Schwein in mancherlei Hinsicht keinen Dienst erwiesen, als wir es mit einer Unzahl abfälliger Adjektive belegten. Dieses Tier ist keineswegs dumm, hässlich oder ignorant, auch wenn wir nur vermuten können, ob nicht einige von ihnen nicht doch sexistisch sind. Wie wir im nächsten Kapitel sehen werden, betrachten sie das Leben, wenn es um Herzensangelegenheiten geht, auf jeden Fall aus einer anderen Warte.

# 4

## Herz und Seele eines Schweins

### Holly und Poddy

Beim Tee in Wendys Farmküche, mit ihren drei Collies zu unseren Füßen, erzählt sie mir eine Geschichte von zwei Hängebauchschweinen, die mir den ganzen Tag nicht mehr aus dem Kopf geht.

»Holly und Poddy waren meine ersten Schweine«, beginnt sie. »Sie lebten hinten in meinem Garten, und dann ließ ich sie auf die Wiese. Sie waren ziemlich nervös, wie Hängebauchschweine es oft sind, und klebten förmlich aneinander. Holly war die Unterlegene, in den ersten sechs Monaten ihres Lebens folgte sie Poddy überallhin.«

»Und dann starb Holly plötzlich«, sagt sie so abrupt, dass mir der Atem stockt. »Ich fand sie auf dem Stallboden. Poddy war bei ihr, und sie war außer sich vor Kummer. Nun, wenn ein Schwein stirbt, lasse ich es immer vierundzwanzig Stunden lang bei seinen Freunden. Selbst die Hunde gehen hinein. So nimmt jeder wahr, dass es gestorben ist und nichts bleibt. Poddy lag die ganze Zeit bei Holly«, sagt Wendy, »und als ich Holly schließlich wegbrachte, weinte sie regelrecht.«

Wendy hält ihre Tasse mit beiden Händen, als sie mir das erzählt. Sie trinkt ihren Tee, als müsse sie erst einmal ihre Gedanken sammeln.

»Poddy jammerte und wollte nicht mehr herauskommen«, fährt sie fort. »Als sie es schließlich doch tat, wanderte sie durch den Garten, ging wieder in den Stall und begann erneut zu jammern. Ich hatte andere Schweine, und Poddy schloss sich ihnen auch an, aber wer weiß schon, ob sie je darüber hinweggekommen ist. Man kann sie ja nicht fragen. Ich weiß nicht, ob sie jemals wieder einen anderen Freund gefunden hat.«

Um ihrem trauernden Hängebauchschwein zu helfen, erzählt Wendy mir, ließ sie Poddy decken. »Ich dachte, wenn sie Ferkel bekäme, könnte ich vielleicht eines behalten, und sie würde zu ihm eine ebensolche Zuneigung entwickeln wie zu Holly, aber es funktionierte nicht. Sie hatte eine normale Trächtigkeitsdauer, ihre Milch schoss ein, aber auf einmal ging es ihr schlecht. Der Tierarzt kam. Er untersuchte sie, fand aber nichts.«

Wendy schweigt. Als sie meinen verwirrten Gesichtsausdruck sieht, fährt sie fort: »Wenn in einer Schweineschwangerschaft früh etwas schiefgeht«, erklärt sie, »kann die Sau die toten Föten in ihrem Wurf wieder absorbieren. In diesem Fall verlor Poddy alle Föten, aber ihre Milch schoss trotzdem ein. Noch lange Zeit danach war sie krank, und obwohl sie schließlich wieder gesund wurde und erst mit zwölf Jahren starb, war sie ohne Holly nicht mehr dieselbe. Sie kuschelte sich an andere Schweine, aber ich konnte sie immer leicht von ihnen trennen. Sie hatte einfach nie wieder eine Freundin wie Holly.«

Wendy achtet sorgfältig darauf, ihre Schweine nicht zu vermenschlichen. Wenn sie sagt, sie weinen, weist sie immer darauf hin, dass sie keine Tränen vergießen, sondern es nur eine Beschreibung des Geräuschs ist. Als ich ihrer Geschichte lausche, kann ich mir Poddys lebenslangen Kummer gut vorstellen. »Manche Schweine sind emotionaler als andere«, fügt sie hinzu, »so wie manche geselliger sind. Aber einen solchen Schmerz wie bei Poddy habe ich noch nie erlebt.«

Als ich das Thema der emotionalen Bandbreite von Schweinen anspreche, ist mir klar, dass wir uns hier zwischen Wissenschaft und Vermutung bewegen. Professor Mendl stützt sich bei seinen Aussagen hauptsächlich auf konkrete Daten. Er sagt, wir wüssten es nicht genau und so solle es auch sein. Nachdem ich jedoch gesehen habe, wie Roxi sich jedes Mal vor Freude aufbäumte, wenn sie wieder mal durch das Tor in den Garten geschlüpft war, oder wie Butch meinem Sohn, als er noch sehr klein war, Küsschen gab, bin ich eigentlich bereit zu akzeptieren, dass auch Schweine Gefühle haben. Sie verstehen vielleicht unter Freude oder Furcht nicht dasselbe wie wir, aber wir benutzen eben Wörter, um zu beschreiben, was wir auf der Grundlage unserer Erfahrung sehen. Trotzdem kann ich verstehen, warum Wendy, wenn eines ihrer Schweine stirbt, den anderen Schweinen Zeit einräumt, damit sie den Verlust begreifen können. Sie stützt sich damit vielleicht auf unseren eigenen Trauerprozess, aber ich bin mir ziemlich sicher, dass wir nicht die einzigen Wesen sind, die Trost daraus ziehen.

Indem wir akzeptieren, dass Schweine emotionale Geschöpfe sind wie wir, wird das Band zwischen uns enger. Das kann man gut erforschen, wenn man sich ihr Familienmodell anschaut. Es unterscheidet sich sehr von unserem eigenen und ist uns in gewisser Weise sogar völlig fremd, aber es sagt ebenso viel über Schweine aus wie über uns.

## Die matrilineare Gruppe

Willkommen in einer Welt, in der die Sauen zusammenhalten. Für das frei lebende Hausschwein besteht eine Familieneinheit, genau wie bei seinen Wildschwein-Vorfahren, aus zwei bis fünf Sauen und ihrem Nachwuchs sowie einem einzigen Eber. Die jungen Sauen bleiben in der Regel bei ihren Müttern, während die Jungs, sobald sie geschlechtsreif sind, sich neue Weidegründe suchen. Sie bilden dann eine »Rotte«, sagt mir Professor Mendl. Später benutzt er einen ganz anderen Ausdruck, aber ich kann mir gut vorstellen, was er damit meint.

»Das erwachsene Männchen ist dominant«, beginnt er, »aber seine Rolle ist es, seinen Harem während der Fortpflanzungszeit zu beschützen. Ist diese Zeit vorüber, kann er auch schon einmal ein bisschen in den Hintergrund treten.«

Ich möchte wissen, ob der Eber einfach nur zurücktritt, weil die Sau aufhört, die Jungen großzuziehen. Der Professor sagt mir, auch die Größe der Gruppe könne ein Faktor sein. Vielleicht hat er mehr Sauen unter seinen Fittichen, als er schaffen kann, und dann ist er auch schon mal offen für eine Herausforderung durch einen anderen Eber.

»Wenn junge Eber den Harem verlassen, dann wandern sie in kleinen Junggesellen-Gruppen ab«, erklärt er. »Vielleicht kann einer von ihnen eine andere Gruppe übernehmen oder Sauen aus einer großen Gruppe erbeuten, um einen eigenen Harem zu gründen.«

»Sind das friedliche Übernahmen?«, frage ich.

Das gequälte Lächeln des Professors nimmt die Antwort vorweg. »In der Fortpflanzungssaison will ein Eber freien Zugang zu seinen Weibchen haben. Wenn also in dieser Zeit ein anderes Männchen in die Gruppe kommt, wird er sich heftig wehren. Sie werden kämpfen, aber zuerst kommt es zu einem Schaukampf, bei dem sie häufig eine Zeit lang nebeneinander herlaufen. Das dient, ähnlich wie beim Rotwild, dazu, sich voreinander aufzuspielen, um Differenzen beizulegen. Wenn das nicht reicht, eskaliert der Kampf mit Kopfstößen und Bissen. Schließlich wird einer gewinnen, was in Wirklichkeit bedeutet, dass der andere beschließt zu gehen.«

Außerhalb der Saison, sagt er, kann eine Gruppenübernahme auch einfach nur stattfinden, weil der Leiteber nicht aufpasst. Mendl beschreibt, wie ein anderer Eber ein paar von den Sauen wegtreiben und mit ihnen eine eigene Gruppe bilden könnte. »Innerhalb dieser Struktur brauchen

Sauen nicht auf die Suche nach einem Männchen zu gehen. Wenn die Gruppe zu groß wird für einen Eber, kommt ein anderer Eber dazu und nimmt ein paar Sauen weg. Wie er sie dazu überredet, ist eine gute Frage, aber oft sind es auch die Jungtiere, die gehen, und dann ist ein natürliches Gleichgewicht wiederhergestellt.«

Als soziales Modell, sagt der Professor, minimiert die matrilineare Gruppe Inzucht, indem sie die jungen Eber ermuntert, eigene Rotten zu bilden, während sie dem in Freiheit lebenden Schwein ermöglicht, sich gut zu entwickeln. Im Grunde ist es eine enge Familieneinheit, die oft aus Müttern und ihren Töchtern besteht, und der Eber kann alles verlieren, wenn er alt wird, sich übernimmt oder sich zu viel gefallen lässt.

Unwillkürlich stelle ich mir eine solche Struktur aus menschlicher Perspektive vor und muss lächeln bei der Vorstellung, dass der Alpha-Eber auf diese Weise in Schach gehalten wird. Ich kann auch verstehen, warum dieses Arrangement perfekt geeignet ist für ein Tier, das auf enge soziale Kontakte mit seiner eigenen Art angewiesen ist. Für die Sauen bleibt die Situation ebenso stabil, wie sie für den Eber offen bleibt, die Gruppe reguliert sich selbst und ist so organisiert, dass Sicherheit und dauerhafte Gesellschaft gewährleistet sind.

# In Freiheit und auf dem Bauernhof

Da Schweine in Freiheit von Natur aus auf kleine Gruppen angelegt sind, stellt sich die Frage, was passiert, wenn sie als Haustiere aufwachsen? Das ist ein wichtiges Forschungsgebiet für Professor Mendl, der mit seiner Arbeit im Bereich der Verhaltensforschung dafür sorgen will, dass es Schweinen in Gefangenschaft besser geht.

»Schweine haben die angeborene Tendenz, Schweine, die sie nicht kennen, abzuwehren. Man sieht häufig Konflikte auf Höfen, wo Schweine ohne Vorwarnung gemischt werden. Der Auslöser sind Geruchshinweise«, sagt er und betont erneut die zentrale Rolle, die der Geruch in der Welt der Schweine spielt. Er erklärt außerdem, dass erwachsene Eber in einer häuslichen Umgebung immer sorgfältig kontrolliert werden müssen und dass nur heranwachsende Schweine, die noch nicht geschlechtsreif sind, auf so engem Raum zusammen gehalten werden können. Wenn sich jedoch vierzig bis sechzig Schweine plötzlich denselben Raum teilen müssten, sei es unvermeidlich, dass diese Tiere, die viel kleinere Gruppen brauchen, eine Art sozialen Testflug durchmachen.

»Am Anfang reagieren sie vielleicht noch nicht«, erklärt der Professor, »aber dann stört sich irgendeines an der Anwesenheit eines Schweins, das unvertraut riecht. Damit fangen die Kämpfe an, und sie können auch zwischen Weibchen und Männchen stattfinden. In Wirklichkeit richtet sich hier einfach nur die Aggression gegen etwas, das anders riecht, aber daraus können Kämpfe entstehen, die sich über eine halbe Stunde oder länger hinziehen, und das kann ziemlich chaotisch sein.

Wir haben herausgefunden, dass, wenn zwei Schweine miteinander kämpfen, sich möglicherweise ein drittes Schwein aus der Gruppe einmischt, um zu helfen«, fügt er hinzu. Bei diesen Worten muss ich an die Rangeleien am Freitagabend denken, wenn die Pubs brechend voll sind. Andererseits gefällt mir, was diese Beobachtung über den Gemeinschaftssinn eines Schweins aussagt. »Wenn sie schließlich erschöpft sind, kehrt wieder Frieden ein, und es findet eine Verschmelzung der Gruppen statt.«

Die Phase nach dem Kampf, die Professor Mendl beschreibt, finde ich eigentlich sehr süß. »Sie legen sich zusammen hin, um sich miteinander vertraut zu machen, wobei sie sich an Geruch und Aussehen orientieren«, sagt er. »Sobald die Bedrohung vorüber ist, wird das neue Schwein in die Gruppe aufgenommen.«

## Mischen, sich zusammenraufen und weitermachen

Die Wiesen und Weiden um Wendys Cottage sind voller Hütten für ihre Schweine. Manche sind aus Holz gebaut, andere aus Bruchsteinen. Sie sehen so aus, als stünden sie schon seit hundert Jahren da. Dann gibt es auch noch die Unterstände, alle mit Stroh gedeckt und bevölkert mit einzelnen Gruppen von Schweinen. Sie haben reichlich Platz, und obwohl manche frei herumlaufen können, schafft es

Wendy trotzdem, dass die vielen Tiere friedlich zusammenleben und ihr Leben voll auskosten können. Sie hat eine leichte Hand und überlegt sorgfältig, was Schweine aufgrund ihrer individuellen Eigenschaften brauchen.

»Selbst wenn Schweine tagsüber nicht miteinander auskommen«, sagt sie über ihre Integrationsmaßnahmen, »in der Nacht schlafen sie dann letztendlich doch dicht beieinander. Wenn ich also ein neues Schwein habe, dann gebe ich ihm so lange draußen einen Platz zum Schlafen, bis die anderen es ins Schlafzimmer lassen.« Ihrer Meinung nach kann man Konflikte am effektivsten vermeiden, wenn Schweine sich auf neutralem Boden eingewöhnen. »Es wird zwar immer ein paar Rangeleien geben, aber danach ist alles in Ordnung. Doch wenn man ein Schwein in das Revier eines anderen Schweins packt, dann werden sie darum kämpfen. Sie verteidigen ihr Gebiet.«

Ich merke schon, dass Wendy bei ihren Schweinen nichts entgeht. Durch das Fenster sehe ich zwei Schweine, die einen grasbewachsenen Hang neben einem Unterstand so friedlich erforschen, als seien sie schon immer ein Paar gewesen. Hat sie jemals Probleme mit Tieren, die sich einfach nicht verstehen?

»Oh, manche sind frech und fangen mit jedem Streit an«, sagt sie, »aber eigentlich sind sie gutmütig. Meiner Meinung nach sind es eben die Alphatiere, die vor Selbstbewusstsein strotzen. Mit der Reife werden sie natürlich dominanter, aber im Alter sind sie es dann, die unterdrückt werden. Dann muss ich sie mit passenderen Schweinen zusammentun«, fügt sie hinzu und erzählt mir, dass ihr altes Minischwein

Brad nicht mehr der Herr der Rotte ist. »Jetzt lebt er glücklich bei einem kastrierten kleinen Kunekune.«


## Schutzzaun

Von Wendys Küche aus sehe ich hinter dem Gartentor
Schweine in kleinen Gruppen. Sie leben in früheren Ställen
vor den Farmtoren. Überall rennen Ferkel herum. Manche
sind so klein, dass sie durch die Zaunlatten entwischen können. Falls es ein System gibt, so muss es sehr entspannt sein.
Ich finde, es spiegelt ebenso die Fähigkeit der Schweine wider, sich selbst zu organisieren, als auch Wendys Vertrauen
in ihre gesamte Tierschar.

»Sie helfen einander in Notsituationen«, erklärt sie, als
ich bemerke, wie eng sie miteinander verbunden zu sein
scheinen. »Wenn ich Ferkel impfen muss (gegen Krankhei-
ten), schiebe ich zuerst die Mutter heraus. Andererseits fangen die Ferkel, sobald ich beginne, sie einzusammeln, an zu
quieken, und dann kommen alle Sauen ans Tor gerannt. Sie
wollen nicht, dass man den Kleinen wehtut. Auch wenn es
nicht ihre Ferkel sind, ist ihr Mutterinstinkt sehr ausgeprägt.
Nehmen Sie nur die Wildschweine im Wald«, sagt sie und
weist zum Fenster. »Leute, die mit Hunden spazieren gehen,
werden häufig angegriffen, weil ein Wildschwein durch ihre
Anwesenheit in Schrecken versetzt worden ist, und dann
kommen alle anderen ihm zu Hilfe.

# Der Reporter im Schweinestall

In gewisser Weise sollte das Buch, das ich über meine Erfahrungen bei der Aufzucht von zwei angeblich kleinen Schweinen schreiben wollte, eine Art Therapie sein. Ich brauchte fast ein Jahr, um es fertigzustellen und das ständige Chaos, das unser alltägliches Leben beherrschte, in den Griff zu bekommen. In dieser Zeit wurden Butch und Roxi, die nicht größer als ein Paar Schuhe gewesen waren, so groß wie Labradore. Neun Monate später, als das Buch veröffentlicht wurde, hatten sie so viel zugelegt, dass mein Lektor, als er mich besuchte, vor ihrem Gehege wie angewurzelt stehen blieb.

»Sie sind massig«, sagte er, als sei das meiner Aufmerksamkeit entgangen.

Relativ gesehen waren Butch und Roxi nur Standard-Schweine aus einer gemischten Zucht. Doch als das Buch erschien, wurde aus ihrer Größe eine Story. Fotografen kamen und machten Fotos für Zeitungen. Butch und Roxi ließen diese Besuche gnädig über sich ergehen. Wenn sie dösten, erhoben sie sich kurz von ihren Schlafplätzen, um den jeweiligen Besucher zu begrüßen. Roxi kam immer als Erste, grunzte und schnüffelte. War sie zufrieden oder abgelenkt von ein paar Wasserkastanien, durfte der Fotograf sein Foto machen. Einer legte sich sogar in den Matsch, um sie von unten zu fotografieren, damit sie noch wuchtiger aussahen.

Vielleicht war das der Wendepunkt für die Schweine, denn als der nächste Besucher kam – ein Reporter von den

Fernsehnachrichten –, lief sein Vorhaben nicht ganz nach Plan.

Professor Mendl hatte wiederholt darauf hingewiesen, wie viele Informationen Schweine über den Geruch erhalten, und ich kann mir nur vorstellen, dass der Reporter möglicherweise den Geruch eines Haustiers an der Anzughose hatte – oder vielleicht benahm er sich auch nur etwas von oben herab, und das störte die beiden. Denn nachdem er mir ohne Zögern durchs Tor gefolgt war, schenkte er den Schweinen keinerlei Beachtung. Stattdessen drehte er ihnen den Rücken zu und wendete das Gesicht dem Kameramann zu, der es seinerseits vorgezogen hatte, auf der anderen Seite des Zauns zu bleiben. Auch ich stand außerhalb des Geheges, und ich weiß noch, dass ich mich fragte, ob es klug von dem Reporter gewesen war, sich so schick anzuziehen. Meiner Erfahrung nach war es unmöglich, sich im Schweinegehege zu bewegen, ohne zumindest ein wenig Schmutz abzubekommen. Aber er wirkte völlig ruhig und selbstsicher, als er die Zuschauer aufforderte, sich die Schweine hinter ihm als winzige Spielzeug-Geschöpfe vorzustellen.

Dass Roxi verärgert war, merkte ich schon, bevor sie den Reporter mit einem wütenden Brüllen umwarf. In ihren Augen stand plötzlich eine merkwürdige Glut. Sie glitzerten, als sie mit der Schnauze über den Boden fuhr und dann wie ein zorniger Bulle auf ihn losstürmte. Der arme Mann überschlug sich beinahe in der Luft. Voller Entsetzen beobachtete ich, wie sein Handy und ein paar Textkarten aus seinen Taschen in den Matsch fielen, gefolgt von dem Mann selbst. Diesen Grad an Aggression hatte ich bei Roxi noch nie erlebt. Sie konnte schlechte Laune haben und mürrisch sein, wenn sie Hunger hatte. Das hier jedoch war etwas ganz anderes, und ich kletterte hastig über den Zaun, weil ich fürchtete, sie könnte sich noch einmal auf den Mann stürzen, der hilflos am Boden lag und zu begreifen versuchte, was passiert war.

Aber statt ihren Vorteil zu nutzen, stand Roxi einfach nur einen Moment lang da. Und dann machte sie, zufrieden darüber, dass sie ihren Gefühlen Luft gemacht hatte, auf dem Absatz kehrt und ging wieder zu Butch, um mit ihm die Erde nach Futterkrümeln zu durchwühlen.

»Sind Sie okay?«, fragte ich überflüssigerweise und streckte ihm meine Hand entgegen.

Ganz Profi, obwohl die Gülle an ihm herunterlief, rappelte der Mann sich auf und sammelte seine Habseligkeiten ein. Kurz darauf stand er auf der anderen Seite des Zauns und gab einen kurzen, wenig enthusiastischen Kommentar vor der Kamera ab, während ich sein Jackett aus dem Bild hielt und mich fragte, ob ich ihm wohl anbieten sollte, es reinigen zu lassen. Am nächsten Tag in den Abendnachrichten wurden die Aufnahmen gesendet. Sie lösten weitere Anfragen von Medienagenturen aus, aber ich lehnte alle ab. Schweine mussten nicht unbedingt ein ruhiges Leben führen, aber die Episode zeigte mir, wie unglaublich empfindlich sie in Bezug auf ihren eigenen Platz sind. Letztlich brauchen sie das Gefühl, dass sie jedem, der dort eindringt, vertrauen können.

# Soziale Sicherheit

»Hier lebt niemand allein«, sagt Wendy, als unser Gespräch sich dem instinktiven Bedürfnis des Schweins zuwendet, mit seinen Artgenossen zusammen zu sein. »Schweine sind soziale Geschöpfe. Sie wollen kuscheln, sie wollen neben anderen Schweinen liegen. Sie müssen einen anderen Körper sehen und fühlen und sich an ihn schmiegen können. Es sind keine Einzelgänger.«

In der Schweinewelt bin ich zuerst auf Wendy gestoßen, weil sie die Wahrheit über Minischweine sagt. Zu einer Zeit, als das Internet überschwemmt wurde von sehr süßen Fotos von ganz normalen Ferkeln, zog sie diejenigen zur Verantwortung, die den Traum von einer Züchtung im Taschenformat, oft als einzelnes Schwein, verkauften, ohne die langfristigen Konsequenzen zu bedenken. Auch jetzt äußert sie sich unverblümt über das Thema, weil ihr am Wohl der Tiere liegt. Es gehe nicht nur darum, das Bewusstsein für ihre potenzielle Größe zu schärfen, erklärt sie. Ganz gleich, wie groß es einmal werden wird, jedes Schwein braucht Platz *und* Gesellschaft.

»Sie sind nicht wie Hunde«, sagt sie. »Wenn man sie alleine aus dem Wurf nimmt, können sie nicht kommunizieren und müssen ein Leben führen, das ihnen nicht entspricht. Das ist einfach falsch, es geht gegen ihren Instinkt.

Die Leute sagen sich, das Schwein sei glücklich in dieser Situation«, fügt sie hinzu und zitiert Fälle, in denen Minischweine aus Wohnungen herausgewachsen waren, aber nirgendwo anders untergebracht werden konnten. »In

Wirklichkeit haben sie sich nur an eine völlig fremde Situation angepasst.«

## Das komplette Schwein

Als Butch und Roxi über unsere Erwartungen hinaus wuchsen, hatten wir das Glück, ihnen genügend Platz für ihre Bedürfnisse bieten zu können. Ihr Wohlergehen stand für uns an erster Stelle, obwohl wir nicht damit gerechnet hatten, zwei ausgewachsene Schweine im Garten zu halten. Unsere Recherchen waren zwar mangelhaft gewesen, aber zumindest war uns nicht entgangen, dass Schweine die Gesellschaft ihrer Artgenossen schätzten. Es bedeutete zwar doppelte Zerstörung, aber unsere beiden Exemplare erwiesen sich als unzertrennlich. Wenn sie nebeneinander schliefen, legte Butch sich so hin, dass seine Schnauze zwischen Roxis

Flanken steckte. Es war eine Nase-an-Schwanz-Position, die beiden zusagte, trotz ihrer lauten Flatulenzen, die er wahrscheinlich insgeheim tröstlich fand.

Sobald sie wach waren und der Kampf ums Frühstück vorbei war, verbrachten die beiden ihren Tag mit gemeinsamen Aktivitäten. Vom Wühlen in der Erde bis zum Nickerchen in der Sonne oder dem Ausbrechen aus dem Gehege verließen sich Butch und Roxi, was Gesellschaft und Sicherheit anging, vollständig auf den anderen.

In gewisser Weise ergänzten sie einander. Da Roxi die größere von beiden war, war sie natürlich selbstbewusster. Butch wiederum besaß mehr Geduld. Im Herbst, wenn die Äpfel von meinem kleinen Baum fielen, wurde Roxi schnell hysterisch, wenn einer auf der anderen Seite des Zauns herunterfiel. Butch hingegen wartete einfach ab, bis einer von uns der Ursache für den Krach auf den Grund ging, weil er wusste, dass der Apfel aufgehoben und gerecht geteilt werden würde.

Wirklich zur Geltung kamen ihre unterschiedlichen Begabungen beim Graben. Wo Roxi mit brutaler Kraft vorging, mit einem Schädel, der die Erde in großen Haufen wegschaufeln konnte, besaß Butch die sensiblere Schnauze. Er übernahm oft den letzten Teil eines Grabungsvorgangs, um neue Schichten voller Überraschungen freizulegen, und trat dann einen Schritt zurück, um Roxi die ersten Bissen zu überlassen. Sie arbeiteten sehr gut zusammen. Ich wollte gerne glauben, dass es absichtlich geschah, dass die beiden sozusagen abhängig voneinander zur Welt gekommen waren. In Wahrheit sind Schweine einfach kluge

Geschöpfe. Ihre Sinne sind weitaus schärfer als unsere. Sie können einander gut deuten und kommen schnell dahinter, wie sie aus der Summe ihrer Teile etwas Größeres machen können.


## Die Schweden

Wenn Schweine ihre unterschiedlichen persönlichen Eigenschaften benutzen, um sich als Gruppe zusammenzuschließen, welchen Einfluss hat dann ihre Rasse? Tatsache ist, dass die meisten Rassen wegen der Qualität des Fleischs gewählt und Verhaltensmerkmale oft übersehen werden. Als ich Wendy nach ihrem Standpunkt frage, meint sie, es sei jetzt an der Zeit, dass ich ihre Schweine kennenlerne. Wir schlüpfen in unsere Stiefel, die Hunde umkreisen uns aufgeregt, und sie sagt, wir würden mit dem obersten Feld anfangen.

»Dort sind ein paar Schweine, die ich aus Schweden importiert habe«, sagt sie, während wir den Feldweg entlanggehen.

Dabei klingt ihre Stimme, als würde sie das eher nicht noch einmal machen.

»Wie sind sie so?«

»Nun, vielleicht bin ich diejenige, die da etwas hineinprojiziert, aber sie haben einen völlig anderen Charakter als meine anderen Schweine.« Wendy geht voran, als sie das sagt. Wir kommen an einem jungen Mann mit meerblauen Augen vorbei, der am Wegrand sitzt. Er trägt einen Overall und eine flache Kappe auf den rotblonden Locken und nickt Wendy freundlich zu. Vermutlich hat er etwas mit dem Hof zu tun, der die Felder und Weiden bewirtschaftet, die an ihr Land grenzen. Auf jeden Fall hört er, wie sie die Schweden erwähnt, und verzieht amüsiert das Gesicht.

»Ich dachte, sie wären eine nette Sache für Schweine-Enthusiasten«, fährt Wendy fort und erklärt, sie habe sie als Erste ins Land gebracht, in der Absicht, sie zu züchten. »Aber ich habe kein einziges verkauft.«

»Warum nicht?«, frage ich.

Wendy wirft mir einen Blick über die Schulter zu, als wir oben am Weg ankommen. »Weil sie ganz *furchtbar* sind!«, sagt sie und winkt mich zu sich ans Tor, von dem aus man auf einen sanft abfallenden Apfelgarten blickt.

Ich trete in eine Pfütze und lehne mich an den Zaun. Das Regenwasser ist vom Feld heruntergelaufen und hat sich vor dem Tor in einem Becken gesammelt. Es bildet eine Art Graben, worüber ich nicht traurig bin, als ich ein halbes Dutzend Geschöpfe mit verfilztem Fell, so ähnlich wie Yaks, entdecke, die unsere Anwesenheit bemerkt haben. Sie sehen aus wie kleine Schweine in seltsamen, haarigen Fettanzügen, aber am auffallendsten ist die Tatsache, dass sie nicht wie Schweine reagieren. Keines kommt angetrottet, um die Lage zu sondieren, wie ich es von jedem Schwein erwartet hätte. Diese skandinavischen Sauen hören einfach auf, im Boden zu graben, und starren uns an, als ob wir unbefugt hier eingedrungen wären.

»Sie wollen keine Zuneigung«, sagt Wendy und steigt müde auf das Gatter. »Sie sind nicht interessiert an Menschen, sie halten sich einfach für was Besseres. Und sie machen dich fertig, wenn du ihnen zu nahe kommst, solange sie Ferkel haben«, fügt sie hinzu und bedeutet mir, ihr zu folgen.

Ich zögere einen Moment. Wendy stapft jedoch bereits durch die schlammige Suppe auf eine höher gelegene Stelle zu.

»Haben sie denn jetzt Ferkel?«, rufe ich ihr nach, aber ich glaube, sie tut so, als ob sie mich nicht hört.

Mittlerweile haben die schwedischen Schweine angefangen zu grunzen. Mir ist klar, dass ich menschliche Eigenschaften in das Geräusch hineininterpretiere, aber sie klingen total beleidigt. Mit dem Gefühl, dass ich vielleicht besser ein Gastgeschenk oder so etwas hätte mitbringen sollen, folge ich Wendy über das Gatter auf ihr Feld. Als ich durchs Wasser wate, ruft sie mit schriller Stimme: »Komm, *SCHWEIN*!« Als Reaktion darauf wird das Grunzen aufgeregter, und einige dieser vierschrötigen, dunklen Kreaturen machen sich auf den Weg zu ihr. Sie beeilen sich jedoch nicht gerade – wie es Butch und Roxi vielleicht getan hätten, in der Annahme, ich hätte etwas zu fressen für sie – und bleiben in einiger Entfernung von uns stehen.

»Sie wirken misstrauisch«, sage ich, während mir zugleich ihre vorstehenden, hochgebogenen Schnauzen mit den mächtigen Hauern darunter auffallen. »Und irgendwie sichtlich herausfordernd«, füge ich leise hinzu.

»Die Mädels sind sehr ängstlich«, sagt Wendy und nennt mir ihre Namen. »Das ist Malm. Da drüben ist Ektorp …«

Ich werfe Wendy einen Blick von der Seite zu. Die Namen klingen vertraut. Ich bin sogar ziemlich sicher, dass eines der Schweine genauso heißt wie mein Sofa.

»Ikea?«, frage ich.

Wendy nickt, als ob sie keine andere Wahl gehabt hätte.

»Lowie ist der Einzige, der mit Sicherheit zu mir kommt«, sagt sie und blickt sich um. Dann hellt sich ihre Miene auf. »Da kommt er ja …«

Ich folge Wendys Blick. Quer durch den Garten bahnt sich schnaufend und schnaubend ein zottiger weißer Eber den Weg über ein Terrain, das so zerknittert ist wie ein Bettlaken. Er ist nur ein bisschen größer als die Mädels, was nicht viel zu sagen hat, und sieht so aus, als trüge er ein maßgeschneidertes Löwenkostüm.

»Lowie hat einen Kleiner-Mann-Komplex«, sagt Wendy und ruft das Schwein noch einmal. »Ich hatte viel Kontakt mit ihm, als er jung war, aber dann benahm er sich auf einmal wie ein Eber und versuchte, mich zu beherrschen. Er hatte einfach überhaupt keine Angst.«

Mittlerweile hat Lowie begonnen, ein seltsames klirrendes Geräusch zu machen. Er mahlt mit den Kiefern, stelle ich fest, denn seine Stoßzähne, die so charakteristisch für sein Geschlecht sind, hüpfen auf und ab, und ich kann seine Vorderzähne sehen.

»Kaut er?«, frage ich.

»Und er markiert sein Revier«, sagt Wendy, als der Eber sich an einem Baum reibt. »Er beschützt seine Mädels, obwohl sie alle sterilisiert sind, damit er keinen Schaden anrichten kann.«

Die Sauen mustern uns mittlerweile mit unverhohlener Antipathie. Nachdem wir ihre Party gestört haben, scheinen sie darauf zu warten, dass Lowie uns dafür zur Verantwortung zieht. Ich bleibe ganz still stehen, für den Fall, dass der Eber einen plötzlichen Wutausbruch bekommt, aber Wendy gurrt ihn weiter an und streckt ihm die Hand entgegen. Langsam, aber sicher, mit einem Geräusch, als würde er in seinem Maul Messer schärfen, schreitet Lowie auf sie zu. Schaum erscheint an seinen Mundwinkeln, aber Wendy versichert mir, dass er nur auf seinen Backenzähnen kaut, um einschüchternd zu klingen. Jetzt steht das kleine Schwein vor ihr und blickt zu Wendy empor. Und plötzlich sehe ich einen Ausdruck in seinen Augen wie bei einem kleinen Jungen, der Aufmerksamkeit braucht. Genau die gibt Wendy ihm, indem sie ihn hinter den Ohren krault.

»Ich könnte ihm wahrscheinlich sogar den Bauch kraulen«, sagt Wendy, als das Zähneknirschen und Schnauben sich in ein freudiges Quieken verwandelt, »aber sie sind ungeheuer misstrauisch.«

Ich werfe einen Blick auf die Mädels. Sie sehen so aus, als erlebten sie gerade eine Szene des Hochverrats vonseiten des Ebers, der sie doch eigentlich beschützen soll. Im Gegensatz zu anderen Schweinen, die ich erlebt habe, bleiben diese hier auf Distanz, als ob jede Art von Kontakt ihren Untergang bedeutete. Wendy sagt mir, dass sie anderen Schweinen nicht mit solcher Geringschätzung begegneten, was sie noch mehr abhebe von jeder anderen Rasse, die sie kennt.

»Können Sie sie nicht kreuzen?«, frage ich.

Wendy lacht leise, und Lowie zuckt zusammen.

»Ich musste die Schweden von den englischen Schweinen trennen«, sagt sie. »Sie waren streitsüchtig und sexbesessen. Während der Läufigkeit versuchten die schwedischen Mädels sogar, die britischen Sauen zu besteigen. Sie ließen es sich gefallen, aber ich konnte sehen, dass Ärger in der Luft lag. Jetzt sind sie hier oben. Bei ihrer eigenen Art scheinen sie sich viel wohler zu fühlen.« Wendy lenkt meine Aufmerksamkeit auf die Tatsache, dass die skandinavischen Sauen haarlose Streifen entlang der oberen Flanken haben. »Dort haben sich die Mädels gegenseitig bestiegen«, sagt sie. »Sie haben alle Borsten weggerubbelt.«

»Oh«, sage ich und kann meinen Blick nicht von den Stellen wenden.

»Mein Gewissen würde es nicht zulassen, die Schweden zu verkaufen«, fügt sie hinzu. »Solche Schweine kann man den Leuten nicht anbieten.«

Während ich zusehe, wie Wendy einen von Natur aus vorsichtigen kleinen Eber streichelt, während sein Harem ungläubig zuguckt, frage ich mich, ob sie insgeheim nicht zufrieden damit ist, sie alle zu behalten. Die Schweden sind sicher eine ganz besondere Rasse, aber trotz der Herausforderung, die sie darstellen, gibt es ein Band zwischen ihnen, das ebenso einzigartig wie unauflöslich ist. Als wir zum Gatter zurückgehen und die Mädels zurücklassen, die Lowie mit finsteren Blicken bedenken, ist klar, dass sie ihm im Namen der Gruppenharmonie schnell vergeben werden.

Denn für Schweine jeder Art, ganz gleich, wie viele, welches Geschlecht, welche Persönlichkeit oder welche Eigenheiten ihre Rasse auszeichnen, steht die Familie an erster Stelle. Dies formt das kollektive Herz und die Seele ihres Lebens und lässt den Charakter jedes einzelnen Schweines leuchten.

# 5

# Die Sprache der Schweine

## Rocky

»Er war das erste Ferkel, das ich jemals aus einem Wurf bekommen habe«, sagt Wendy, als wir vom Obstgarten herunterschlendern. »Rocky durfte frei im Garten herumlaufen und wurde nie eingesperrt. Er war riesig – ein richtiger Brummer, aber ein Schätzchen –, und er gehörte meinem kleinen Sohn. Wenn etwas in der Schule passiert war, über das er sich aufgeregt hatte, dann kam er nach Hause und erzählte es Rocky. Sie waren sich sehr nahe. Und manchmal redete Rocky auch mit mir.«

Sie zeigt auf einen Weg in der Nähe und erzählt mir, dass die Schweine dort oft hingehen, um sich zu sonnen. »Wenn ich mit ihm redete, antwortete er sofort. Ich sagte zum Beispiel: ›Oh, Rocky‹, und dann quiekte er, und wir unterhielten uns. Ich konnte mich neben ihn legen und mit ihm kuscheln, und er grunzte mich an.«

»Er redete mit Ihnen?«, frage ich.

»Oh, definitiv«, sagt sie, und ihre Stimme klingt dabei so traurig, dass mir klar ist, dass er nicht mehr lebt. »Ich habe ihn sehr lieb gehabt.«

## Gespräche mit einem Schwein

Wendy spricht von jedem einzelnen ihrer Schweine wie von einem persönlichen Freund. Trotzdem ist sie ganz realistisch, wenn sie zugibt, dass sie eine ganz andere Sprache sprechen. Wenn sie ihre Schweine auf irgendeine Art vermenschlicht, dann erklärt sie das sofort, was ich als Beweis für ihren gesunden Respekt vor einem Tier deute, das sie sehr liebt. Nichtsdestotrotz bringt die Verbindung durch den verbalen Kontakt, die sie beschreibt, Schwein und Halter offensichtlich enger zusammen.

»Man kann das Grunzen interpretieren, wie man will«, sagt sie. Ihr ist klar, dass ihre Konversation mit Rocky auf Geräuschen und nicht auf Themen basierte – eine einfache Ruf-Antwort-Form. Und doch ist sie völlig überzeugt, dass Schweine, wenn sie miteinander kommunizieren, das auf eine Art tun, die ebenso reich an Bedeutung wie endlos ist. »Oh, sie reden ständig miteinander«, sagt sie fröhlich. »Es hört nie auf, auch bei den Ferkeln nicht. Der einzige Zeitpunkt, zu dem man sie nicht hören kann, ist nachts, wenn sie schlafen. Auf Höfen, wo sie getrennt voneinander gehalten werden, kann man immer noch hören, wie sie versuchen, miteinander zu reden, ein weiterer Grund, warum es so falsch ist, Schweine alleine zu halten.«

## »Ich bin hier«

Ein Schwein nimmt seine Umgebung ständig aufmerksam wahr. Selbst wenn es sich im Sonnenschein aalt, arbeitet die Schnauze unablässig. Es schnüffelt, bewertet Gerüche, um die Welt um sich herum beurteilen zu können. Auch die Ohren bewegen sich ständig. Ob sie nun von Natur aus aufgerichtet sind oder über die Augen fallen, sie zucken und gehen hin und her, während es dem Grunzen und Quieken der anderen Schweine lauscht und antwortet.

»Sie sind in ständigem Kontakt«, sagt Professor Mike Mendl und erklärt mir, dass die Gruppe um des Zusammenhalts willen ständig kommunizieren muss. »Es hat wahrscheinlich eine Funktion, so als wollten sie sagen, ›Ich bin hier‹ und ›Es ist alles in Ordnung‹. Das hört man vor allem, wenn eine Gruppe von Schweinen durch einen Wald streift. Es könnte anzeigen, dass sie glücklich sind und sich an ihren Aktivitäten erfreuen, aber es könnte auch einfach nur heißen, dass sie da sind.«

Als der Professor mir das erklärt, sehe ich auf einmal Schweine in einem ganz anderen Licht. Ich hatte immer angenommen, das leise Grunzen und Quieken, das ihre Aktivitäten begleitet, sei bedeutungslos. In meinen Ohren war es nur ein Geräusch, das sie einfach so machten, während sie sich in ihrer Welt des Grabens, Suchens, Dösens und

Fressens verloren. Jetzt wirkte es eher wie ein komplexes soziales Netzwerk, das auf Geräuschen basiert. Jedes Mitglied der Gruppe teilt Neues sofort mit, jedes Schwein ist über die individuellen Aktivitäten informiert, darüber, wo die anderen Schweine sind und in welchem Zustand die Gruppe als Ganzes ist.

So wie Vogelschwärme zusammen fliegen oder Fische im Verbund schwimmen, ist jedes Schwein in einer Gruppe eng mit dem anderen verbunden. Das Muster zeigt sich vielleicht nicht so deutlich, ist nicht so anmutig oder faszinierend wie bei Vogelschwärmen, aber im Kern des schweinischen Kollektivs herrscht die gleiche intensive Kommunikation, die unser Verständnis übersteigt. Was wie ein simpler Grunzlaut klingt, könnte zahlreiche Informationen enthalten, die nach Häufigkeit, Tonfall, Stimmhöhe und Lautstärke unterschieden werden. Professor Mendl meint, eine Gruppe von Schweinen würde nicht umsonst als Rotte bezeichnet.[*]

»Wir wissen nicht genau, ob ihre Rufe bedeuten, dass es ihnen gut geht, oder ob sie sich gegenseitig oder den Boss informieren oder sonst etwas«, sagt er, als wir über die Erforschung der verschiedenen Laute reden, über die ein Schwein verfügt. »Das weiß niemand genau, aber wenn ein Mitglied der Gruppe alarmiert ist, dann gibt es oft ein bellendes Geräusch von sich, das die anderen vor einer möglichen Gefahr zu warnen scheint.«

---

[*]  Nicht übersetzbares Wortspiel mit den englischen Wörtern *sounder* (»Rotte«) und *sound* (»Klang«). [Anm. d. Übers.]

# Klang und Wut

Für menschliche Ohren gibt es nur wenige tierische Laute, die dringlicher und unangenehmer sind als das Kreischen eines Schweins. Es ist wild, monströs, manchmal ohrenbetäubend und kann einem buchstäblich die Haare zu Berge stehen lassen. Wenn Roxi laut kreischte, zogen sich ihre Flanken zusammen wie ein lebendes Akkordeon. Grob gesagt, kreischen Schweine, wenn sie aufgeschreckt oder verängstigt sind, Schmerzen haben, unruhig oder erregt sind. Es könnte alles sein, ein Hilfeschrei, ein Ausdruck der Freude oder der Verteidigungsmechanismus eines weitgehend wehrlosen Tieres.

Was auch immer die wahre Bedeutung ist, die Absicht des Kreischens ist klar: Das Schwein möchte seine Anwesenheit kundtun.

*Ich bin hier. Nimm mich wahr.*

# Wo Hoffnung ist …

Die Bereitstellung von Unterkunft, Fressen und Wasser ist Teil des Deals, wenn es darum geht, ein Haustier zu werden. Im Allgemeinen kann ein Schwein in einem Gehege seinen Tag durch Mahlzeiten markieren. Theoretisch gibt es keine Notwendigkeit, nach Futter zu rufen, und doch neigen sie in der Gruppe dazu, vor dem Eintreffen des Futters in apokalyptischen Lärm auszubrechen.

Da ich das aus erster Hand erlebt habe, tröstet es mich, als ich mit Wendy zu den Farmgebäuden zurückkehre und sie mir erzählt, dass sie früher hier Zimmer vermietet hat. »Ich musste mich in aller Herrgottsfrühe zu den Schweinen schleichen, um sie zu füttern, bevor sie das ganze Haus aufweckten«, erzählt sie mir, wobei sie viel fröhlicher klingt, als ich es jemals fertiggebracht habe. »Manche Rassen sind lauter als andere«, fügt sie hinzu. »Die Tamworths zum Beispiel geben nie Ruhe.«

»Es wäre ja in Ordnung, wenn sie einfach ein bisschen grunzen würden, wenn sie Hunger haben«, brumme ich. »Aber meine Schweine haben immer losgelegt, als würden sie jeden Moment abgemurkst.«

Wendy lächelt gequält.

»Ich melke morgens zuallererst meine Ziegen«, sagt sie, »aber sobald ich die Tür zu dem Schuppen aufmache, in dem ich die Eimer aufbewahre, fangen die Schweine an zu schreien. Sie wissen, dass auch das Futter dort lagert.«

»Also füttern Sie sie zuerst?«

Wendy wirft mir einen vernichtenden Blick zu. »Wenn ich mit dem Melken fertig bin, haben die Schweine aufgegeben«, sagt sie. »Normalerweise schreien sie fünf Minuten lang, dann denken sie: ›O Gott, sie kommt nicht.‹«

»Aber Sie kommen doch immer«, sage ich und frage mich, warum sie so laut werden müssen, wo die Mahlzeit doch garantiert kommt.

»Ich glaube, sie hoffen immer wieder aufs Neue«, sagt sie.

Ich denke einen Moment darüber nach. Ich habe eine Kreatur nie für von Natur aus pessimistisch oder optimistisch gehalten, aber Wendys Beobachtung scheint mir sehr zutreffend zu sein. Wenn Butch und Roxi in der Dämmerung loskreischten, klang es diabolisch, aber ich hörte auch, mit welcher Lust sie jeden Laut ausstießen. Es war nie böse gemeint, und die beiden waren immer froh, mich zu sehen, wenn ich angerannt kam, um sie zum Schweigen zu bringen.

Für mich ist dieses Kreischen so markerschütternd, dass man kaum ein Gefühl der Freude oder Vorfreude darin erkennen kann. Aber wenn wir dem Schwein zugestehen, dass es ein gutes Herz hat, wird das Getöse ein bisschen erträglicher.

## Das Schweigen der Schweine

Zwei meiner Kinder waren noch sehr klein, als wir Butch und Roxi hatten. Für sie war es ganz normal, wenn zwei voll ausgewachsene Schweine an einem Sommertag zu uns auf die Terrasse kamen. Trotz aller Herausforderungen, die die Schweine darstellten, war es eine wertvolle Erfahrung für meine Kinder. Oft liefen sie als Kleinkinder zu ihnen hinunter, und Butch und Roxi waren immer liebevolle Gastgeber.

»Achtet nur darauf, dass ihr das Gatter zumacht, wenn ihr wieder geht«, sagte ich jedes Mal, bevor sie dorthin liefen. Von meinem Arbeitszimmer aus hörte ich meinen Sohn und meine Tochter miteinander reden, wenn sie zum Gehege gingen. Butch und Roxi stimmten in das Gespräch mit ein, während ich arbeitete. Wie ich, oder wie jeder, der Schweine hat, unterhielten sich meine Kinder ziemlich lange mit ihnen. Es war nett, ihnen zuzuhören, und im Allgemeinen war es ein so sanft dahinplätscherndes Hintergrundgeräusch, dass ich mich ins Schreiben verlieren konnte. Natürlich bekam ich jedes Mal mit, wenn sie zum Haus zurückkehrten, und dann konnte ich in dem Wissen, dass die Schweine im Gehege waren, weitermachen.

Einmal jedoch hörte ich *nichts*, als die Kinder wieder im Haus waren. Die Stille veranlasste mich, von der Tastatur aufzublicken und aus dem Fenster zu schauen.

Ich hatte mich an das ständige Quieken gewöhnt. Mit dem Vogelgezwitscher und dem Wind, der in den Bäumen rauschte, war das Geräusch der beiden Schweine, die sich die Zeit vertrieben, zu einem Teil meiner Hörlandschaft geworden. Wenn sie miteinander redeten, bedeutete das, dass sie zufrieden waren. Kreischen war natürlich etwas anderes, aber plötzlich zu merken, dass ich sie überhaupt nicht hören konnte, ließ sämtliche Alarmglocken bei mir schrillen.

Einerseits war ich erleichtert, als ich sah, dass Butch und Roxi nicht erneut den Zaun durchbrochen hatten. Das bedeutete, dass ich nicht den Rest des Tages nach meinen streunenden Tieren suchen musste, die weder eine Bewegungslizenz noch die Genehmigung hatten, das Dorf zu verwüsten. Andererseits schlug ich beim Anblick meines Rasens entsetzt die Hände über dem Kopf zusammen. In der kurzen Zeit, die sie im Garten zugebracht hatten, nachdem sie vermutlich meinen Kindern durch das Gatter heraus gefolgt waren, hatten die Schweine ganze Arbeit geleistet und alles verwüstet. Statt auf ordentliche Streifen, wo ich am Wochenende den Rasen gemäht hatte, blickte ich nun auf Erde, die sie bei der Erforschung neuer Weidegründe aufgeworfen hatten.

Sie taten nur, was einem Schwein instinktiv in den Sinn kam, aber am meisten faszinierte mich, dass sie in vollkommener Stille zu Werke gingen. Natürlich konnte es sein, dass Butch und Roxi einfach der Träumerei des Moments erlagen, hingerissen von den reichen mineralischen Noten bis dahin unberührter Grassoden und Erde.

Aber da ich meine Schweine kannte, vermutete ich eher, dass sie klug genug waren, ihre Freude über diesen glücklichen Ausbruch nicht zu laut kundzutun. Statt einander davon zu berichten, wie sie meinen Rasen umpflügten, hatten sie lieber einen Schweigepakt geschlossen, um die Gelegenheit so lange wie möglich auskosten zu können.

Es kostete mich einiges an Überredung, bis ich die beiden wieder im Gehege hatte. Als ich mich zeigte, fanden sie sofort ihre Stimmen wieder. Und während ich meine Hände nutzlos vor ihnen schwenkte, versicherten sie einander mit einer Reihe eigensinniger Laute, dass sie stark bleiben und mich einfach ignorieren wollten.

Schließlich ließen sie sich dann doch mit den Brombeeren bestechen, die ich hastig von der Hecke gepflückt hatte. Ich schloss das Tor hinter ihnen und sah mir dann meinen Garten an. Was sie in diesem Moment hinter meinem Rücken sagten, interessierte mich nicht. Die Schweine waren das Letzte, was ich jetzt hören wollte.

# In ihrer eigenen Welt

Es gibt eine besondere Laufstrecke in der Nähe unseres Hauses, die über die wogenden Hügel verläuft. Ich folge einem alten Kreidepfad, nicke vorbeikommenden Hundebesitzern zu, verliere mich aber meist in meiner eigenen Welt. Es ist ein wunderschönes Stück Natur. An einem klaren Tag scheine ich manchmal dem Himmel näher zu sein als den Dörfern unten. Gegen Ende der Laufstrecke, wenn der Weg sich langsam zu neigen beginnt, komme ich mitten durch eine große Schweinefarm. Halbrunde stählerne Schweinekoben stehen überall in der Landschaft, jeder sorgfältig durch einen Metallzaun von den anderen getrennt. Auf diesen großen ausgedörrten und von Rüsseln umgewühlten Flächen tummeln sich Schweine aller Generationen. Sie sind in Gruppen aufgeteilt, aber eigentlich ist es eine große Gemeinschaft. Ich kann nicht sagen, um was für eine Rasse es sich handelt. Sie sind blassrosa, mit hängenden Ohren und Ringelschwänzen. Die ausgewachsenen Schweine sind dick und lang, die Jungschweine von unterschiedlicher Statur, und am wuseligsten sind die ganz kleinen.

Während ich näher komme, beobachte ich sie und lausche, ob sie mich bemerken. Die Schweine scheinen sich in ihrer Umgebung ganz wohlzufühlen. Ob sie graben, sich ausruhen, spielen oder einfach nur die frische Luft genießen, ihr endloses Grunzen klingt in meinen Ohren zufrieden. Normalerweise laufe ich den breiten Weg zwischen den Zäunen entlang, aber heute lege ich eine kleine Pause ein und gehe ein Stück. Es tut gut, zu Atem zu kommen. Ein ausgewachsenes Schwein hebt den großen Kopf und schaut mich an. Ein paar kleinere Schweine im Gehege unterbrechen ihr freundschaftliches Gerangel und kommen ebenfalls an den Zaun. Sie drängen sich alle in die Ecke am Weg, und ich frage mich, ob sie annehmen, dass ich Futter habe. Ich zeige ihnen meine leeren Hände, wobei ich merke, dass das Grunzen zunimmt. Es kommt immer noch von scheinbar zufälligen Punkten auf der gesamten Farm, ist aber jetzt weiter verbreitet.

Sollte es sich um Geplauder handeln, dann haben die Schweine gerade ein neues Thema gefunden. Ich kann mir nur vorstellen, was sie sagen, und frage mich, ob sie wohl über mich reden. Wäre Emma hier, würde sie sicher ein durchdringendes »Schwein, Schwein *SCHWEIN!*« von sich geben. Das ist ein üblicher Ruf unter Schweinehaltern. Wendy benutzt einen ähnlich effektiven Ruf, und obwohl ich weiß, dass er mir die sofortige Aufmerksamkeit der Schweine sichern würde, kann ich mich nicht dazu durchringen, mich derart gebieterisch bemerkbar zu machen.

Stattdessen spreche ich sie, wie ein Engländer im Ausland, in meiner eigenen Sprache an und hoffe das Beste.

»Hi, alle zusammen«, sagte ich. »Wie geht's denn so?«

Als die kleinen Schweine an den Zaun kommen, hocke ich mich hin und begrüße sie einzeln. Die ganz kleinen bleiben nahe bei den Erwachsenen, aber die nächste Generation scheint mehr Forscherdrang zu haben. In der Zwischenzeit haben einige der größeren Schweine im Wühlen innegehalten und mustern mich. Ich stelle fest, dass ihre Ohren zucken und ihnen über die Augen fallen. Wenn sie mich auch nicht so gut sehen können, so hören sie doch zu.

»Ein herrlicher Tag heute«, sage ich und richte mich wieder auf, um weiterzugehen. Ich gehe ein paar Schritte, dann bleibe ich stehen und warte auf eine dicke Sau, die auf mich zutrabt. Stimmlich ist sie direkter als die anderen. Sie gibt eine Reihe von kurzen, scharfen Grunzlauten von sich, die für meine Ohren durchaus freundlich klingen. »Guten Morgen!«

Als sie mich, immer noch grunzend, erreicht hat, drücke ich meine Handfläche an den Zaun, und plötzlich befinde ich mich in einem richtigen Gespräch mit ihr. Es kommt mir so vor, als würde sie auf alles, was ich sage, auf ihre Art antworten. Sie neigt sogar den Kopf, damit sie mich unter ihren Ohren hervor mustern kann. Wir blicken einander in die Augen, und ich bezweifle nicht, dass wir kommunizieren. Wie Wendy lese ich die von mir gewünschte Antwort ab und erfahre, dass sie den Tag genauso genießt wie ich. Es ist warm, eine leichte Brise weht, und wir sind beide früh auf, um die Ruhe und den Frieden zu genießen.

Einmal mache ich sogar das Quieken der Sau nach. Sie antwortet gutmütig. Vielleicht will sie mich ermutigen, aber vielleicht berichtet sie auch nur den anderen, dass dieser Typ den Verstand verloren hat. So oder so ist es ein absolut angenehmer Austausch.

Als wir schließlich auseinandergehen, hat das Geplapper um uns herum ein wenig nachgelassen. Die erwachsenen Schweine, die mich gemustert haben, gehen erneut dem ernsthaften Geschäft des Grabens nach, während die Jüngeren ihre Spiele wieder aufgenommen haben und mich nicht mehr beachten. Während ich weitergehe und dem Weg mitten durch die Schweinefarm folge, denke ich zufrieden, dass sie sich in meiner Gegenwart wohlfühlen. Ich habe das Gefühl, als sei ich geprüft worden, bevor die Gemeinschaft schließlich zu dem Schluss gekommen ist, dass ich keine Gefahr darstelle und nichts weiter anzubieten habe als ein paar nette Worte im Vorbeigehen.

Kollektiv sind sie übereingekommen, dass ich vertrauenswürdig bin. Unsere Sprachsysteme sind einander völlig fremd, und doch geben Schweine sich Mühe, mit uns zu kommunizieren. Das macht gute Laune, wenn ich recht darüber nachdenke. Mit einem fröhlichen Abschiedsgruß laufe ich wieder los und lasse die quiekenden Schweine hinter mir.

Als ich kurz darauf am Fuß des Hügels eine belebte Straße erreiche, habe ich das Gefühl, wieder in meine Welt zurückgekehrt zu sein. Da vorne ist ein kleiner Parkplatz. Drei Wanderer steigen gerade aus einem Kombi, und eine kleine Gruppe von Mountainbikern in Funktionskleidung und mit verspiegelten Sonnenbrillen hat gerade angehalten, um sich auf den Anstieg vorzubereiten. Ich hebe grüßend die Hand, als ich vorbeilaufe. Keiner erwidert meinen Gruß. Die Radler und die Wanderer gucken mich an, als käme ich von einem anderen Stern.

## Mit den Tieren reden

Den Moment mit den Schweinen auf dem Hügel habe ich ebenso genossen wie die Zeiten, wenn ich mit Butch und Roxi redete, während ich ihre Schlafplätze säuberte oder den Zaun ausbesserte. Ich unterhielt mich auch mit meinem alten Kater, wenn ich ihn fragte, wie es ihm ginge, was er auf der anderen Straßenseite gemacht habe und wie seine Nickerchen-Pläne für den Tag aussähen. Eigentlich waren es keine Fragen, aber ich erwartete ja auch keine Antworten. Die Katze verkörperte einfach Gesellschaft, auch wenn sie mich mit unverhüllter Verachtung musterte, während ich redete. Hunde sind nie so streng, doch obwohl sie aufmerksam zuhören, während ich spreche, erinnern sie ein wenig an eine Alexa in Hundegestalt: Sie sind geeicht auf ein einziges Wort, beispielsweise »Gassigehen«. Bis dieses Wort fällt, schlafen sie innerlich tief und fest.

Unterhaltungen mit Schweinen laufen ganz anders ab.

Im Gegensatz zu anderen domestizierten Tieren, ob es sich um Vieh oder um Haustiere handelt, trägt das Schwein etwas zum Gespräch bei. Ein Schwein hört nicht nur zu und wartet auf ein Stichwort für Futter oder Bewegung, es *erwidert* etwas. Einem Papagei kann man das Nachahmen beibringen, was auch eine erstaunliche Fähigkeit ist, und ein Hund macht vielleicht aufs Stichwort ein »Häufchen«, aber ein Schwein hört zu und antwortet aus freien Stücken und in seiner eigenen Sprache. Ein Schwein unterbricht einen auch nicht mit Grunzen oder Quieken, solange man spricht. Es unterhält sich tatsächlich mit einem, solange man möchte, und zeigt dabei auch noch gute Manieren.

Ein paar Tage nach meinem Lauf über die Hügel laufe ich erneut, dieses Mal über einen anderen Weg. Er führt mich an den Schafweiden vorbei und dann quer durch eine Milchfarm und am Ufer eines Angelsees entlang. Ich wage ein Experiment und bleibe an beiden Orten stehen, um mit den Tieren zu reden. Die Schafe rennen einfach weg, kaum dass ich Luft hole, während die Kühe zwar freundlich sind, aber mir ein bisschen so vorkommen wie meine Kinder – es interessiert sie anscheinend gar nicht, was ich ihnen zu sagen habe.

Das Schwein hingegen hört zu und antwortet dann. Wir können nur vermuten, was es tatsächlich versteht oder was es uns vermitteln will, aber die Reaktion ist trotzdem bemerkenswert. Sie geht sogar über eine Situation hinaus, in der zwei Menschen, die unterschiedliche Sprachen sprechen, sich unterhalten wollen. Denn wir reden hier von zwei

verschiedenen *Spezies*, die versuchen, diese Kluft zu über-
brücken. Meiner Meinung hebt das unsere Beziehung auf
eine andere Ebene.


## Cilla


Wendy geht mit mir durch den Garten zum unteren Feld.
Es scheint mir kein geeignetes Ackerland zu sein. Die Erde
ist sehr lehmhaltig, buckelig, mit vereinzelten Grasbüscheln,
und das Feld erstreckt sich steil bis zu einer Wasserrinne.
Eichen säumen die Landschaft auf der anderen Seite der
Rinne. Immer wieder ziehen dicke Wolken vorüber und ver-
decken die Sonne.

Das Ganze sei ein Spielplatz für Schweine, erzählt Wendy mir. Und eine ihrer ältesten Gefährtinnen lebe hier. »Cilla ist meine pensionierte Muttersau«, sagt sie. »Sie ist etwa
zehn, aber Schweine können achtzehn Jahre alt werden.«

Während wir durch den Schlamm stapfen, der so zäh ist,
dass ich bei jedem Schritt das Gefühl habe, mit meinen Stie-
feln stecken zu bleiben, fällt mir ein Schweinekoben in der
Nähe auf. Drei Schweine blinzeln uns träge an. Sie liegen
eng beieinander und halten die Gesichter in die Sonne. Neben ihnen ist noch Platz für ein viertes Schwein, das heraus-
geklettert ist, als es Wendys Stimme hört. Ein stämmiges
kleines Kunekune mit buttergelben Borsten und Schlamm
am Bauch kommt auf uns zu. So wie sich die beiden begrüßen, fällt es mir schwer zu entscheiden, wer von beiden sich
mehr freut – Cilla oder Wendy.

»Jetzt redet sie mit mir«, sagt Wendy, als das Schwein aus tiefster Brust grunzt. »Genau, mein Liebling! Komm her und sag Hallo!«

Nach meinen eigenen Versuchen, mich mit einem Schwein zu unterhalten, hat Wendy mich hierher mitgenommen, um mir zu zeigen, wie es geht. Zumindest deute ich die Situation so, als ich den beiden zuhöre. Immer wenn Wendy spricht, blickt das Schwein sie aufmerksam an und antwortet dann auf seine Weise.

»Cilla und ich kennen uns schon so lange. Wir haben zusammen Preise gewonnen, nicht wahr?«

Dem Timing und dem Tonfall ihres Quiekens nach zu urteilen, scheint Cilla ihr zuzustimmen.

»Spricht sie wirklich mit Ihnen?«, frage ich Wendy und trete neben sie. »Ich meine, ernsthaft?«

Wendy überlegt einen Moment, während sie das Schwein hinter den Ohren krault. Cilla quiekt zufrieden.

»Ich glaube schon«, sagt Wendy und wendet dann ihre Aufmerksamkeit wieder dem Schwein zu. »Sie hört zu und sagt, was sie zu sagen hat. Ja, ich glaube schon, dass wir uns unterhalten. Und es ist so nett. Sie will hier sein. Sie hat sich extra die Mühe gemacht und ist hier hochgelaufen, um mit mir zu reden.«

Wieder antwortet das Schwein, als hätte es ihre Worte mitbekommen. Ich blicke zu Cillas Freundinnen im Verschlag. Wenn Cilla tatsächlich gerade mit ihnen geredet hat, dann ist ihnen ihr Schläfchen anscheinend wichtiger. In einiger Entfernung, wo das Feld zu der Abflussrinne hin steil abfällt, haben Wendys Hunde begeistert begonnen, ein

Loch zu buddeln. Sie übernehmen die Aufgabe abwechselnd und schauen einander interessiert zu. Wendy erzählt mir, dass sie das auf allen Feldern so machen. Verglichen mit den ausgefeilten Ausgrabungsfähigkeiten eines Schweins, frage ich mich allerdings, ob sie nicht eher riskieren, das, was sie suchen, nicht zu finden. Cilla jedenfalls achtet weder auf die Hunde noch auf ihre Schwestern im Koben. Sie konzentriert sich nur auf ihr Gespräch mit Wendy. Kurz überlege ich, ob ich fragen soll, was sie sagt, aber dann wird mir klar, dass es darum gar nicht geht. Was hier zählt, ist die reine Freude am Austausch.

»Sie kann nicht mehr besonders gut sehen, aber wenn man ihr in die Augen blickt, merkt man, was alles in ihr vorgeht.« Wendy reibt jetzt Cillas Flanken, und Cilla drückt sich eng an Wendys Stiefel. Sie hört immer noch auf ihre Stimme, aber ihr Grunzen klingt zunehmend so, als sei die Liebkosung wichtiger. »Am Ende«, sagt Wendy, »wälzt sie sich in den Matsch und schläft ein.«

Ich lache, aber eigentlich finde ich, dass jede Unterhaltung zwischen Freunden auf diese Art perfekt beendet werden kann. Das gilt nicht nur für ein Schwein, denke ich, sondern auch für einen Menschen, wenn sonst niemand zuschaut.

# 6

## Die Schnauze des Schweins

### Ein verlorener Schatz

Angeblich ist sie mehr als zweitausend Mal sensibler als eine Menschennase und mit mehr taktilen Rezeptoren ausgestattet als die menschliche Hand. Man mag die Schweineschnauze vielleicht nicht als besonders hübsch empfinden, aber sie ist ein fantastisches Instrument, das es wert ist, genauer betrachtet zu werden.

»Die Schnauze ist sehr muskulös«, sagt Professor Mendl. »Sie ist wie eine große festsitzende Scheibe mit einem Rand, den sie benutzen können, um Objekte anzuheben ... wie etwa meinen Abflussdeckel.«

Ich kann seinen Schmerz nachempfinden. Wenn ein Schwein erst einmal einen reizvollen Duft aufgenommen hat, dann ist es meiner Erfahrung nach durch nichts und niemanden mehr davon abzuhalten, der Sache auf den Grund zu gehen. Das habe ich zum ersten Mal gemerkt, bevor Butch und Roxi so groß wurden, in der kurzen Zeit, als sie in einer kleinen Kiste in meinem Arbeitszimmer lebten. Damals hatte ich die steile Lernkurve in Sachen Nutztierhaltung noch nicht erklommen, aber schon in dieser frühen Phase dämmerte mir, dass Schweine jedweder Größe für ein Leben im Haus nicht geeignet waren.

Das wurde mir schlagartig klar, als ich Roxi eines Morgens mit der Schnauze zwischen Wohnzimmerwand und Heizkörper fand. Das Knacken des Metalls warnte mich, dass sie kurz davor stand, die Heizung aus der Halterung zu hebeln.

Damals war sie noch so klein, dass ich sie trotz ihres Wutanfalls einfach nehmen und in mein Arbeitszimmer tragen konnte. Ich sah mir den Heizkörper an und schätzte, dass wir wohl bis zum Winter warten müssten, um zu erfahren, ob er noch funktionierte. Als ich dahinter ein bisschen herumstocherte, förderte ich einen in Tierhaare und Staubflusen eingewickelten Hundekeks zutage. Er war praktisch versteinert und sah so aus, als sei er während des Kalten Krieges hinter der Heizung gelandet. Für Roxi jedoch hatte er am Ende den einzigen Zweck ihres Daseins bedeutet.

Es überraschte mich nicht, dass der Keks in meiner Hand praktisch zu Staub zerfiel. Er war über das Verfallsdatum schon lange hinaus und roch nach gar nichts. Jedenfalls nach nichts, was ich hätte riechen können.

»Es gibt zahlreiche Nervenenden in der Schweineschnauze und in der Nasenhöhle, die ebenfalls sehr sensibel ist.« Professor Mendl war nicht besonders erstaunt, als ich ihm berichtete, welche Mühen Roxi auf sich genommen hatte, um etwas herauszuholen, das ganz gewiss kein Leckerbissen mehr war. »Wenn wir in unseren Forschungen zum Tierwohl wissen wollen, wie wichtig einem Tier etwas ist, dann lassen wir es dafür arbeiten«, fährt er fort. »Das bedeutet, wir steigern den Arbeitsaufwand für eine geringere Belohnung, um herauszufinden, wie viel Mühe sie bereit sind, darauf zu verwenden.«

Sofort muss ich an unseren Kater denken. Wenn ich ihm weniger vorsetzte als seine normale Portion, dann fixierte er mich und wartete darauf, dass ich den Fehler korrigierte. Ein Schwein, so vermute ich, steht am anderen Ende des pedantischen Spektrums.

»Sie scheinen nie aufzugeben«, sage ich.

»Sie würden vermutlich aufhören, wenn etwas tatsächlich unerschütterlich wäre«, meint der Professor. »Es muss einen Ausgleich zwischen Verlangen und energetischer Verausgabung geben. Ein Schwein könnte beispielsweise bereit sein, eine gewisse Menge Erde zu durchstoßen, um an eine verborgene Eichel zu kommen. Sollte der Geruch noch verlockender sein, dann gräbt dieses Schwein möglicherweise noch eifriger, aber es wird niemals versuchen, sich durch einen festen Fußboden zu bohren.«

Ich denke erneut an den Keks. Er war absolut nicht mehr zum Verzehr geeignet. Mir drehte sich schon beim Gedanken daran der Magen um, und doch war er für eine Kreatur mit einem komplexeren olfaktorischen System eine wertvolle Trophäe gewesen. Was für ein Gefühl mochte es sein, fragte ich mich, in einer Welt zu leben, in welcher der Geruch verführen und sämtliche Sinne derart beanspruchen konnte? Einem Schwein musste der Zersetzungsvorgang wie das Öffnen einer uralten Schatztruhe vorkommen, aus der Aromen aufsteigen, die es einfach nicht ignorieren kann. Von diesen sensorischen Freuden getrieben zu werden muss das Leben eines Schweins weit schöner machen, als wir uns vorstellen können. Dieser Drang führt zu einer Existenz, so denke ich bei mir, in der nichts übersehen und alles geschätzt wird.

Es hätte mir bestimmt ein paar Installationsprobleme beschert, aber ich bin trotzdem ein bisschen neidisch auf Roxis Verlangen nach etwas, das achtlos weggeworfen und völlig vergessen worden war.

## Handwerkszeug

Nichts kommt dem Gefühl gleich, eine Schweineschnauze mit der Hand zu berühren. Im Gegensatz zu einer Hundenase ist sie nicht nass, und man riskiert auch nicht, dass einem dabei das Handgelenk abgeleckt wird. Wenn überhaupt, dann fühlt sich die Schweineschnauze an, als sei sie aus festem Gummi gemacht. Man spürt vielleicht warme Luft auf seinen Handflächen, während das Schwein schnüffelt und schnaubt, und man kann sicher sein, dass es in diesem Moment wesentlich mehr erfährt als man selbst.

Die Schnauze ist umgeben von einem Rand aus Knorpel, der ebenso fest ist wie flexibel. Es ist ein Präzisionsinstrument zum Graben, und jedes Schwein weiß instinktiv, wie es die Schnauze am besten einsetzen muss.

»Sie ist sehr empfindlich«, sagt Professor Mendl, der ein biologisches Merkmal, mit dem man die umgebende Landschaft völlig verändern kann, ebenso zu schätzen weiß wie ich. »Ein Schwein kann den Druck, den es einsetzt, äußerst wirkungsvoll kontrollieren.«

Unsere Hände mögen ja für viele verschiedene Aktivitäten geeignet sein, aber wenn es um Erdarbeiten geht, ist die Schweineschnauze unübertroffen. Das Schwein ist dazu geschaffen, solche Arbeiten höchst effektiv anzugehen, und deshalb ist es so schlimm, wenn sie auf Betonboden gehalten werden.

»In der Erde zu wühlen erfüllt das Schwein«, sagt der Professor. »In diesen Betonställen hat es nicht viel zu tun, dabei gibt es weniger Probleme zwischen Schweinen, wenn sie beschäftigt sind.«

Um das zu demonstrieren, muss ich ein Schwein nur bei seinen natürlichen Verrichtungen beobachten und seinem Verlangen, zu graben und zu wühlen, nachkommen. Ob es mein Rasen, unbebautes Land oder Wiese ist, das Schwein wird diese Flächen nicht nur einfach verwüsten. Zugegeben, alles wird nach kurzer Zeit aussehen, als sei ein Betrunkener mit einem Bagger Amok gefahren, aber der tatsächliche Vorgang ist in Wirklichkeit ziemlich methodisch.

Zuerst lässt das Schwein seine Nase über den Boden schweben. Es prüft mit dem Geruchssinn, und wenn etwas seine Aufmerksamkeit erregt, stupst es die Erde an, als wolle es sie aufwecken. In diesem Moment ist das Schwein ganz sanft. Es trifft genau das richtige Maß an Druck, den es anwenden muss, um einen ersten Schnitt zu machen.

Und wenn es diese köstliche Stelle findet, übernimmt der Rand der Schweineschnauze die Führung. Ich habe beobachtet, wie Butch ein Stück Rasen so sorgfältig und aufmerksam abschälte, dass ich es hinterher direkt wieder hätte zurückrollen können. Gefehlt hätten vielleicht nur die Spitzen der Graswurzeln, die aber nur eine Art Appetithappen sein können, bevor die eigentliche Arbeit anfängt.

Nun beginnt das Schwein ernsthaft zu graben. Die Schnauze mag das Hauptwerkzeug sein, aber das Schwein setzt sowohl Kopf als auch Schultern ein, um die Aufgabe zu bewältigen, und tut das mit so viel Energie, wie es nur irgend aufbringen kann.

»Es gibt verschiedene Grabetechniken«, sagt Professor Mendl. »Das Schwein hat einen sehr starken, kraftvollen

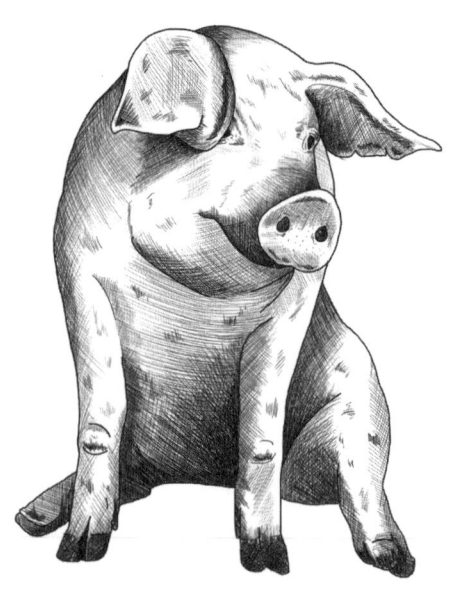

Hals, den es oft in einer schaufelnden Bewegung nach oben oder zur Seite bewegt. Es kann auch seine Zähne benutzen, um Wurzeln herauszuziehen oder durchzubeißen«, fügt er hinzu. Alles zusammen ergibt das Bild eines kraftvollen Ausgräbers auf vier Beinen.

Wenn man ein Schwein bei der Arbeit beobachtet, ist es leicht, sich auf das entstehende Chaos zu konzentrieren statt auf den Fortschritt, den es macht. Jedes Mal, wenn die Schnauze tief eintaucht, fördert sie eine Ladung Erde zutage, die in jede Richtung fliegen kann. Aber während wir mit der Zunge schnalzen und die Köpfe schütteln, kommt das Schwein seinem Ziel einen Schritt näher. Selbst wenn es stundenlange Arbeit bedeutet, macht es weiter, mit der unerschütterlichen Entschlossenheit eines Metallsuchers.

Es macht auch Spaß, einem Schwein beim Graben zuzusehen, weil man ja nicht weiß, was es zu finden hofft. Das Schwein weiß es natürlich genau, da es ja alle Daten, die es braucht, über seinen Geruchssinn gesammelt hat. Dieser hervorragende Geruchssinn in Verbindung mit einer Schnauze, die es schwingen kann wie eine Abrissbirne oder mit der Präzision eines chirurgischen Skalpells einsetzt, befähigt das Schwein, seine Arbeit zu vollenden, ohne die Trophäe zu beschädigen.

»Sie wissen bestimmt, wie nahe sie an etwas dran sind«, meint Professor Mendl, »weil sie immer vorsichtiger werden, je näher die Dinge kommen.«

Oft ist ihr Ziel eine Blumenzwiebel oder ein Stück Wurzel. Aber ich habe auch schon gesehen, wie Butch und Roxi kaputte Fliesen oder sogar Dosen aus dem Krieg freigelegt haben, die seit über siebzig Jahren kein Tageslicht mehr gesehen hatten. Nimmt das Schwein schließlich das Objekt der Ausgrabung in Besitz, dann tut es das mit einer gewissen Ehrfurcht, denn es hat Zeit und Mühe investiert, um diesen Augenblick zu erreichen und aus dem Reich der Sinne etwas Greifbares hervorzuholen.

Aus menschlicher Sicht könnten wir das Gleiche nicht ohne Werkzeug und einen hohen Grad an Überzeugung schaffen. Ja, das Schwein wird seinen Fund aus der Verankerung reißen, wenn es sein muss. Wenn er auch nur im Entferntesten essbar ist – und dazu gehören auch Backsteine –, wird er ihn zu Brei zermalmen. Das Endergebnis mag zwar nicht besonders hübsch sein, aber es ist die Leistung, es bis zu diesem Moment zu schaffen, den wir als das Werk eines Meisters in einer Kunst anerkennen müssen, der gleichzukommen wir niemals hoffen können.

## Über alle Grenzen hinweg

Um an eine Eichel zu kommen, würde ein Schwein alles tun. Diese Nuss von der Eiche, die in einer harten Schale wächst und dann im Herbst zu Boden fällt, ist wie ein aromatischer Sirenenruf für Sau und Eber. Die Eichel mag für unsere Nasen geruchlos sein, und doch ist sie für das Schwein so unwiderstehlich, dass sie auch von Engeln stammen könnte.

»Ich verliere meine Schweine, wenn die Eicheln fallen«, sagt Wendy zu mir. Wir haben uns gerade von Cilla verabschiedet, die uns bis zum Tor begleitet hat. Dieses liebevolle

Kunekune grunzt seine Halterin immer noch an, als wisse es etwas darüber, dass Zeit nur geliehen ist. Wendy und ich lehnen uns an das Tor. Von hier aus blicken wir über das Feld, das wir gerade verlassen haben, bis zu dem Anstieg hinter dem Knick. »Sie entfernen sich unerlaubt von der Truppe«, fährt sie fort und weist auf die Bäume am Abhang. »Normalerweise gehen sie nur bis zum Graben, weil er voll Wasser ist und der Hang auf der anderen Seite steil ansteigt, aber im Herbst zieht sie der Geruch der Eicheln unwiderstehlich an. Und wenn sie erst einmal mit meiner Eiche fertig sind, dann gehen sie auf die andere Seite. Es ist ziemlich schwierig für sie, aber sie schaffen es immer.«

Ich betrachte die Eichen am Abhang und den Hügel hinauf. Sie sind ziemlich weit weg. Einen Kilometer vielleicht, und ein Großteil des Geländes ist ziemlich steil. Dann wende ich meine Aufmerksamkeit Cilla zu, die jetzt den Erdboden inspiziert. Ich kann mir nicht vorstellen, was für ein Gefühl es wohl ist, den Duft von etwas weit Entferntem aufzunehmen und derart davon angezogen zu werden. Wendy sagt mir, dass Cillas Zeit der Eicheljagd vorüber sei. Doch über ihre jüngeren Schweine redet sie so, als seien sie marodierende Banden, die buchstäblich über die Stränge schlagen.

»Wie lange bleiben sie dann auf der anderen Seite des Grabens?«, frage ich.

»Manchmal ein paar Tage«, sagt sie und klingt dabei völlig entspannt. Ich wäre total nervös.

»Sie wühlen bis zu achtzehn Stunden am Stück, bis sie sich komplett vollgestopft haben, und dann schlafen sie sechs Stunden«, sagt sie. »Abends sehe ich sie alle unter den Ästen der Bäume liegen. Ab und zu gehen sie an den Graben, um zu trinken, aber letztendlich muss ich sie wieder zurückholen.«

So wie Wendy die Sache schildert, klingt es, als sei das Ganze eine Art jährliches Event geworden, das sie genauso genießt wie die Schweine. Ich bewundere ihre Einstellung zu der Pilgerreise, die ihre Tiere unternehmen, um am Altar der Eichen zu beten. Für sie ist es eine großartige Möglichkeit, die Erinnerung an den Ablauf eines jeden Jahres zu bewahren, und für jede neue Generation ihrer Schweine ist es ein Übergangsritus, von dem sie bereichert zurückkehren.

## Bevor sie fallen

Am Ende eines Sommers, nachdem Butch und Roxi ein Jahr bei uns gelebt hatten, begannen sie sich ziemlich seltsam zu benehmen. Wenn ich aus dem Fenster blickte, um nach ihnen zu schauen, sah ich die beiden normalerweise in meinem Garten wühlen. Im Verlauf weniger Wochen traf ich sie jedoch immer häufiger dabei an, dass sie stocksteif dastanden, als ob sie für ein Foto posierten. Selbst wenn ich zu ihnen herauskam, musste ich erst das Gatter öffnen, bevor sie meine Anwesenheit überhaupt bemerkten.

»Ist alles in Ordnung?«, fragte ich einmal, weil ich mir als Neuling in der Schweinehaltung, ehrlich gesagt, allmählich Sorgen machte, dass sie unter irgendeiner Art von Lähmung litten.

Immerhin reagierten Butch und Roxi, und ich musste einfach akzeptieren, dass ihr leises Grunzen bedeutete, meine Ängste seien unbegründet.

Ein paar Tage vergingen, bis ich auf einmal erkannte, was dahintersteckte. Mir fiel nämlich auf, dass sie die meiste Zeit unter den Ästen der Eiche standen, die aus dem Nachbarsgarten herüberreichten. Es war ein alter Baum. Er ragte hinter dem Zaun hoch auf, und durch sein dichtes Laub spielte das Sonnenlicht. Er verlor auch zahlreiche Eicheln, die auf dem Boden nicht lange überlebten. Butch und Roxi wühlten glücklich mit den Schnauzen in den Blättern oder kauten ein Fundstück, aber von Zeit zu Zeit schienen sie jedes Interesse zu verlieren. Dann standen sie seltsam stumm da wie Statuen. Einmal war ich zufällig auch draußen, als sie erstarrten, also hielt ich ebenfalls inne, um zu sehen, was mir entging. Ich lehnte den Besen an den Zaun und lauschte, hörte aber nur das Rascheln der Blätter im Wind. Hätte ich ihre Nase gehabt, hätte ich wie sie geschnüffelt. Aber so konnte ich sie nur beobachten und warten.

Dann fiel mit dem Seufzen des Windes in den Zweigen eine Eichel von oben herab. Sie war noch nicht ganz auf der Erde angekommen, als Butch auch schon zur Stelle war. Und als eine weitere Eichel herunterfiel, folgte Roxi seinem Beispiel. Das machten die beiden in den nächsten Wochen ständig, und ich bin mir ziemlich sicher, gesehen zu haben, wie Butch eine Eichel mit dem Maul auffing wie Popcorn.

Als ich diese Geschichte Professor Mendl erzähle, sagt er, das sei nur ein weiteres Beispiel für die Lernfähigkeit von Schweinen. Sicher, sie wussten, dass der Baum leckere

Früchte trug, aber woher wussten sie, wann eine herunter-fiel? Gab es eine subtile Veränderung im Geruch der Eichel, die ihnen sagte, dass sie reif war, oder war es das Rascheln der Blätter, das sie über das Fallen informierte? Wie auch immer, solange Butch und Roxi bei mir wohnten, brauchte ich im Herbst nicht zum Rechen zu greifen. Denn nachdem sie mit den heruntergefallenen Eicheln fertig waren, widme-ten sie sich auch den welken Blättern.

## Nach dem Regen

Wenn ich vor der Arbeit laufe, breche ich in der ersten Dämmerung auf. Es ist eine stille, kontemplative Zeit, und wenn es über Nacht geregnet hat, fühle ich in jeder Hin-sicht, wie alles erfrischt ist. Ich folge dem Weg durch den Wald hinter unserem Haus, sehe ab und zu ein Reh oder ein wildes Kaninchen, und dann umkurve ich ein Stück Wiese in der Nähe des Flusses. Auf dem Weg zur Straße, die mich in einer langen Schleife wieder nach Hause bringt, komme ich an einem kleinen Schuppen mit drei Schweinen vorbei. Es ist eine hübsche, private Welt für dieses Trio. Den Besit-zer habe ich noch nie gesehen, aber wer auch immer es ist, er muss auf jeden Fall vor mir aufgestanden sein, denn wenn ich vorbeilaufe, kauen die Schweine meistens schon an ih-rem Frühstück.

Nach einem Regenguss sehen die Dinge jedoch anders aus. Wenn die frühe Morgenluft frisch ist und nach Erde riecht, ignorieren sie ihren Trog komplett. Sie rühren ihr

Futter nicht an und wühlen stattdessen in einem der beiden Gehege, die sie jeweils ein paar Monate im Wechsel bewohnen. Kurz vor dem Umzug könnten die beiden Bereiche sich nicht stärker unterscheiden. Während in dem einen Gras und Unkraut gewuchert sind, wurde die nackte Erde im alten Gehege umgedreht und wiederholt aufgeworfen. Trotzdem attackieren die Schweine den alten Boden mit der gleichen Energie und dem gleichen Enthusiasmus, die sie aufwenden, wenn sie schließlich in das andere Gehege hinter dem Trennzaun dürfen.

Es gibt ein Wort, um den frischen Duft zu beschreiben, der aufsteigt, wenn Regen auf trockene Erde fällt, es lautet *Petrichor*. Dieser Regengeruch entsteht, wenn Pflanzenöle im feuchten Boden aktiviert werden und aufsteigen. Das Wort stammt aus dem Griechischen und bezieht sich zum Teil auf die Flüssigkeit, die in den Adern der mythologischen Götter fließt. Den Duft, der aus der Erde aufsteigt, erkennen sogar wir, und ich frage mich, um wie viel intensiver er wohl für die Schweine ist. Einen Moment lang beobachte ich, wie die drei mit einer verjüngten Erde kommunizieren, dann laufe ich weiter, bereit, den Tag willkommen zu heißen.

## Schweinen bleibt nichts verborgen

Angesichts eines so ausgeprägten Geruchssinns benutzt das Schwein seine Nase nicht nur zur Futtersuche, sondern auch, um Informationen über seine Artgenossen einzuholen.

Allein über den Geruch kann ein Schwein alles zum Status einer Gruppe oder eines Individuums erfahren.

Ein Schwein steckt auch voller Drüsen, buchstäblich von vorne bis hinten. Von seinen Augen und seinem Mund bis hin zu seinen Füßen und Genitalien ist jeder Bereich eine ganz eigene Fundgrube olfaktorischer Informationen über seinen Geisteszustand, seine körperliche Gesundheit und sexuelle Empfänglichkeit. Dementsprechend nimmt diese hochsensible Schnauze jedes kleinste Detail auf und verarbeitet es dann blitzschnell. Praktisch leben alle Schweine in einem persönlichen Datennebel. Geheimnisse zu bewahren muss nahezu unmöglich sein. Auch wenn das Tier noch so gerne spricht, die wirklich vertrauliche Kommunikation findet ohne jedes Grunzen oder Quieken statt.

Ich frage mich, was dies für das Schwein im Labyrinth bedeutet, das den dominanten Neuankömmling in die Irre geführt hat, um ihn vom Futter abzulenken. Ich kann mir nur vorstellen, dass es schnell machen muss, denn in seinem Gefolge lauert die Wahrheit.

## Der Obstgarten nebenan

»Er ist nicht nur zum Graben da«, bestätigt Wendy, als wir uns über die Abenteuer austauschen, die unsere Schweine erleben, wenn sie ihren Nasen folgen. »Er kann buchstäblich um die Ecke gehen.«

Der Schweinerüssel ist in der Tat ein Wunder der Natur. Er ist das Schweizer Taschenmesser der Schweinewelt, mit einem Werkzeug für alle Eventualitäten, von der Prüfung und ersten Probe bis hin zur vollständigen Ausgrabung. Mir kommt Professor Mendls Bemerkung in den Sinn, dass das Schwein, wenn eine Belohnung Mühe erfordert, zuerst entscheiden muss, ob es sich lohnt. Ausgehend vom Mehrzweckpotenzial seines Rüssels und der Tatsache, dass Schweine die Mühe anscheinend als Teil der Belohnung ansehen, fallen mir nicht viele Arbeiten ein, die Butch und Roxi jemals verweigert hätten. Mein Zaun zum Beispiel hielt das Gehege gewöhnlich geschlossen. Aber wenn sie doch ausbrachen, was nicht leicht war, dann lag es an einem verführerischen Duft in der Luft.

Im Fall der Obstbäume auf dem Nachbargrundstück, die ausgewachsener sind und reichlicher tragen als mein kleiner Baum, wurde jeder Aspekt der Schweineschnauze auf die Probe gestellt. Da Schweine so sensibel auf Gerüche reagieren, zweifle ich nicht daran, dass Butch und Roxi schon von den Äpfeln wussten, als sie noch kleine Knospen waren. Ein Schwein scheint oft etwas zu wittern, und ich bin mir ziemlich sicher, dass sie es merken, wenn etwas in der Luft liegt. Jedenfalls verlegten sie ihre Grabungen schon einmal auf diese Seite des Geheges, aber nach einem früheren Ausbruchsversuch hatte ich die Zaunlatten mit Hartfaserplatten verstärkt, sodass ich keinen Grund zur Sorge sah. Solange Butch und Roxi gut beschäftigt und unter Kontrolle waren, trugen hereinkommende Gerüche sicher nur dazu bei, ihr Leben vielfältiger zu machen.

Dass ich sie regelmäßig mit Apfelschnitzen und Birnen verwöhnte, hat sie wahrscheinlich nicht vernünftiger gemacht. Beide Schweine liebten diese regelmäßigen Leckerbissen, und die aufgeregten Geräusche, die sie von sich gaben, wenn sie mich mit einem Beutel in der Hand kommen sahen, zeigten, dass sie riechen konnten, was ich dabeihatte. Es war jedoch nie genug, und deshalb kam ihnen wahrscheinlich der Duft, der über den Zaun wehte, umso verführerischer vor.

Um Butch und Roxi gegenüber fair zu sein, muss ich sagen, dass sie ziemlich lange durchhielten. Selbst als die Äpfel unseres Nachbarn zur Erntezeit herunterfielen, grummelten sie bloß unruhig. Natürlich hatte ich damals noch keinen Schimmer, dass sie überhaupt in Versuchung waren. Als Mensch kann ich Obst nicht aus 20 Meter Entfernung riechen. Es sei denn, die Frucht fällt zu Boden und fängt an zu faulen.

Und als mir dann bewusst wurde, dass die Früchte nebenan einen Grad von Fäulnis erreicht hatten, dem meine Schweine nicht widerstehen konnten, war bereits etwas Schreckliches passiert. Sie hatten die überlappenden Zaunlatten abgerissen. Bei den Hartfaserplatten gelang ihnen das jedoch nicht, und so hatten sie durch unermüdliches Graben zwei der Zaunpfosten unterminiert und eine drei Meter breite Hartfaserplatte einfach umgestoßen. Die Tatsache, dass Roxi fehlte, sagte mir, wer dafür verantwortlich war.

Was jedoch mich in Panik versetzte, war der Anblick von Butch auf dem Boden neben ihrer Fluchtroute. Er sah so aus, als bestünde er nur noch aus einem Sack Lumpen. Eine rasche Überprüfung ergab jedoch, dass er nicht tot war, sondern nur fest schlief, und in diesem Moment dämmerte mir, dass ich ganz in der Nähe die Laute eines erregten Schweins hören konnte. Ich schaute noch einmal nach Butch und stellte fest, dass seine Barthaare mit einer klebrigen, fibrösen Masse bedeckt waren. Es bedurfte keines besonders ausgeprägten Geruchssinns, um festzustellen, dass es ein bisschen wie Cidre roch. Ich richtete meine Aufmerksamkeit auf den durchbrochenen Zaun. Dahinter sah ich die erbrochenen Überreste von vielen Äpfeln, die das Verfallsdatum weit überschritten hatten, und mir wurde klar, was hier passiert war.

Butch lag auf der Erde, weil er einen Rausch hatte. Es sah so aus, als hätte er sich auf der anderen Seite des Zauns prächtig amüsiert, es dann aber nicht mehr ganz bis zu seinem Bett geschafft. Dem Lärm nebenan nach zu urteilen, hatte Roxi sich ihre Äpfel vielleicht ein bisschen besser eingeteilt. Nichtsdestotrotz kamen mir ihr Grunzen und Quieken nicht so ganz richtig vor, also machte ich mich auf in den Nachbarsgarten, um nachzuschauen.

Ich fand meine Sau mitten zwischen den Apfelbäumen, in einer Pattsituation mit einer Wurzel, die sie ausgegraben hatte. Mit gesenktem Kopf wie ein Stier im Ring, aber leicht schwankend, warf sie mir einen einzigen Blick zu und brüllte.

Roxi war nicht nur betrunken, sie schien sich auch in ein wütendes Schwein verwandelt zu haben.

Es brauchte einige Überredungskraft von meiner Seite, um sie dazu zu bringen, wieder in meinen Garten zu kommen, aber ich schaffte es mit einem Pfefferminz, das ich zufällig in der Tasche hatte, und viel Geschiebe und Betteln.

Mittlerweile war Butch aufgewacht, hatte sich schwankend aufgerappelt, und die beiden sanken auf ihre Schlafplätze. Den Rest des Tages sah ich sie nicht mehr, und ich hatte genug Zeit, um den Zaun wieder aufzurichten und das Loch zu füllen.

Vielleicht war ich im darauffolgenden Jahr mit verstärktem Zaun und stabileren Pfosten besser vorbereitet, weil die Schweine erst gar nicht versuchten, an die Äpfel zu kommen, als der üppige, berauschende Geruch herüberwehte. Andererseits bestätigt das natürlich auch Professor Mendls Aussage, dass Schweine schnell lernen. Wahrscheinlich hatten sie gelobt, dieses Jahr nicht wieder auf Sauftour zu gehen.

# 7

## Das Reich des Schweins

### Nach Hause kommen

»Ein Schwein, das in einem Wald lebt, muss das glücklichste Schwein der Welt sein. Im Sommer ist es kühl. Es hat alles, was es sich nur wünschen kann, vor sich auf dem Erdboden, und im Wald hat man ein sicheres Gefühl.«

Das sagt Wendy, als wir weiter unsere Runde drehen. Wir reden über das Lebensumfeld, das ein Schwein als perfekt empfinden würde. Sie zeigt auf die Waldstücke oben an den Hügeln, und ich betrachte einen breiten, unebenen Streifen Land zwischen zwei Feldern. Ein Bach fließt durch den Lehm zu einem kleinen Gehölz am hinteren Ende, in dem auf einer kleinen Anhöhe eine gemütliche Hütte zwischen Büscheln von wildem Gras steht. Wenn ich ein Schwein wäre, und ich zweifle nicht daran, dass sich einige im Gehölz oder in der Hütte befinden, die sehr genau wissen, dass ich da bin, wäre dieses Fleckchen die absolute Glückseligkeit. Wendy mustert mich und lächelt.

»Meine Schweine gehen nach Lust und Laune hierhin«, sagt sie. »Meist ist es die Sau mit ihren Ferkeln, oder es sind die Alten, die keinen Ärger wollen. Aber sie haben hier überall so viel Platz, dass sie immer wieder nach Hause kommen.«

## Zu Hause ist dort, wo es zu fressen gibt

Als ich in Rumänien durch den Wald lief, hatte ich keinen Zweifel daran, dass mich die Wildschweine beobachteten. Ich war in ihr Reich eingedrungen, und dass sie außer Sichtweite blieben, gab ihnen ein geschütztes und sicheres Gefühl. Das Hausschwein hat sich uns angeschlossen, aber diese beiden Faktoren bleiben trotzdem für sein Wohlergehen unerlässlich. Es hat gelernt, uns zu vertrauen, und fühlt sich wohl in unserer Gesellschaft, aber die Verbindung hat auch viel damit zu tun, dass wir ihm eine sichere Zuflucht bieten können. Zum einen natürlich in Form von Hütten, aber noch ein weiterer Faktor spielt eine Rolle.

»Sind Butch und Roxi eigentlich immer wiedergekommen, wenn sie weggelaufen waren?« Als Professor Mendl mir diese Frage stellt, scheint es ihn zu überraschen, als ich ihm sage, dass ich sie jedes Mal mit einem Eimer voller Leckerbissen nach Hause locken musste.

»Sie hatten einfach zu viel Spaß«, sage ich, nachdem ich ihm von ihren Abenteuern im Obstgarten meines Nachbarn und den schattigen Glockenblumenwiesen im Wald hinter meinem Dorf erzählt habe. »Ich glaube nicht, dass ihnen bewusst war, dass ich dafür angezeigt werden konnte.«

»Na ja, sie wären bestimmt nach Hause gekommen, wenn sie Hunger bekommen hätten«, meint er. »An eine gute Futterquelle erinnern sie sich immer.«

Natürlich ziehe ich den Gedanken vor, dass meine Schweine, nachdem sie von einem unwiderstehlichen Duft in die Wildnis gelockt wurden, letztendlich wieder nach Hause gekommen wären, weil meine Familie und ich ihnen ebenso viel Liebe wie Futter geben. Ich sage ihm, ich sei mir gar nicht sicher gewesen, ob Butch und Roxi überhaupt nach Hause gefunden hätten, aber daran zweifelt der Professor nicht. »Ihr räumliches Gedächtnis ist gründlich erforscht worden«, sagt er. »Schweine kehren bereitwillig zu einer regelmäßigen Futterquelle zurück.«

Nach Professor Mendl setzen Hausschweine in Gefangenschaft auf die »win-stay«-Strategie, nach der sie am gleichen Ort bleiben, wenn sie wissen, dass sie dort keinen Hunger leiden werden. Zugleich jedoch, erklärt er, entscheiden sie sich auch für das, was er als »win-shift«-Strategie bezeichnet, wenn sich ihnen die Gelegenheit dazu bietet. Das ist die gute alte Futtersuche, bei der das Schwein das Futter an einer Stelle auffrisst und dann weiterzieht zu einer anderen, während es im Geiste die Orte abspeichert. Schweine können sogar zwischen zwei Futterplätzen entscheiden und die bessere Option wählen, sagt Professor Mendl. Statt jedoch wie große rosa Heuschrecken über die Landschaft herzufallen und sie zu zerstören, kommen ausgebrochene

Schweine letztlich immer wieder nach Hause, weil das dort angebotene Futter stets reichlicher und regelmäßiger ist als alles, was sie anderswo finden können.

## Das vertrauenswürdige Schwein

Als Schweinehalter könnten Wendy und ich unterschiedlicher nicht sein. Wo ich sofort alarmiert war, wenn Butch und Roxi ausbüxten, gehört für sie der Freiheitsdrang einfach zu einem Schwein dazu. Allerdings lebt sie auch in einer Gegend, die ebenso abgelegen wie idyllisch ist. Sie kennt ihre Nachbarn, aber um sich mal eben eine Tasse Zucker zu leihen, müsste sie schon eine ausgedehntere Wanderung in Kauf nehmen. Deshalb jagt ihr der Anblick einer Gruppe von Sauen, die frei mit ihren Schwestern und Töchtern hinter ihrem Hof vorbeispazieren, nicht die Art von Schauer über den Rücken, wie ich ihn in einer solchen Situation empfinden würde.

»Manchmal laufen sie den Weg hinauf, und ich sehe sie den ganzen Tag nicht«, erzählt sie mir beiläufig, »und dann tauchen sie irgendwann am Spätnachmittag wieder auf und gehen schlafen.«

»Machen Sie sich denn nie Sorgen?«, frage ich, weil ich weiß, dass ich in so einer Situation schon längst in meine Gummistiefel geschlüpft wäre und mir gewünscht hätte, meinen Schweinen nicht so alberne Namen gegeben zu haben, mit denen ich nun draußen laut nach ihnen rufen muss.

Sie lächelt gequält. »Sie haben kein Verlangen danach, von hier fortzulaufen«, sagt sie.

Wendys ruhige Gelassenheit reicht in sämtliche Winkel ihrer Farm. Während ich ihren Geschichten über Schweinehaltung im Lauf der Jahre lausche, wird mir klar, dass nur sehr wenig am Verhalten der Tiere ihr jemals schlaflose Nächte bereitet hat. Sie erzählt von Momenten, in denen ein großer Eber vor ihr einen Wutanfall bekam oder mit einem anderen Männchen so erbittert kämpfte, dass sie den Schlauch holen musste, um die beiden voneinander zu trennen. Es ist offensichtlich, wer hier das Sagen hat, und vielleicht wissen ihre Schweine das so gut wie ich. Es ist, denke ich, wohl eine Frage des Vertrauens. Im Gegenzug dürfen sie frei herumlaufen, weil ihre Halterin die Kunst der Nutztierhaltung beherrscht und voll darauf vertraut, dass sie immer wieder an den Ort zurückkehren, wo das Leben leicht ist.

# Helga

»Da ist eine Sau mit ihren Ferkeln, die überall frei herumlaufen dürfen«, sagt Wendy, als wir zu ihrem Hof schlendern.

Dort passt ein schwarzes Hängebauchschwein auf seine Jungen auf. Manche der Ferkel haben die gleiche Farbe wie die Mutter, andere sind rosa mit schwarzen Flecken, und alle sehen sie so aus, als könnten sie ihr gehörig auf die Nerven gehen. Sie schlittern über den Beton, bewegen sich dreimal so schnell wie das Muttertier und quieken wie Kinderspielzeug.

»Wer ist das?«, frage ich und passe auf, dass ich der Mutter und ihrem Nachwuchs nicht zu nahe komme.

»Das ist Helga.« Wendy bleibt ebenfalls in einiger Entfernung stehen, aber ihre Stimme klingt warm, als sie von dem Schwein redet, das ihr freundlich antwortet. »Ihre Babys sind erst zwei Wochen alt«, sagt sie, während einige unter der niedrigsten Stange eines Gatters hindurchkrabbeln, als ob es sie gar nicht gäbe. »Sie werden bestimmt reizend, auch wenn Helga eine Schwedin ist.« Ich werfe Wendy einen Blick zu. Sie steckt die Hände in die Taschen ihrer Latzhose und zuckt mit den Schultern. »Ich habe sie mit einem Kunekune gepaart, damit die Ferkel nicht so zickig werden.«

Einen Moment lang schauen wir den Kleinen beim Spielen zu. Es ist toll, sie so frei in der Sonne herumspringen zu sehen, und ich frage mich, wie weit sie sich wohl von der Mutter entfernen. Zweifellos werden sie, wie alle Jungtiere, die sich selbst finden wollen, in absehbarer Zeit ihren Radius erweitern. Ihre Mutter macht jedoch den Eindruck, als ob sie sie gefahrlos durch diese Lernphase in ihrem Leben bringen könnte. Ihre Ferkel mögen in eine Handfläche passen, aber Wendy erkennt an, dass man sie nicht in einen Stall sperren muss. Das Setzen von Grenzen überlässt sie Helga.

## Das Weideschwein

Wir sind sehr stark an den Gedanken gewöhnt, dass Hausschweine eingesperrt werden müssen. Natürlich ist es oft ebenso notwendig wie praktisch, und wenn man genug Land zur Verfügung hat, um turnusmäßig wechseln zu können, dann führen auch solche Schweine ein glückliches und erfülltes Leben. Wendy hat das große Glück, dass ihre Felder sowohl natürliche Grenzen haben als auch eingezäunt sind, aber letztlich steht das Tor am Fuß des langen Anstiegs zu ihrem Cottage offen. Zwar muss man auf einen nicht kastrierten Eber mitten unter anderen Tieren ein waches Auge haben, aber sie freut sich, wenn möglichst viele ihrer Schweine jeden Tag ihrer eigenen Wege gehen. Und sie sorgt dafür, dass es funktioniert, indem sie sicherstellt, dass der Mittelpunkt ihrer Welt alle Sicherheit bietet, die sie brauchen. Sie sorgt für Futter und Behausung, und deshalb hat das Schwein keinen Grund wegzulaufen. Aber wie stellt sie fest, überlege ich laut, ob ein einzelnes Tier mit den anderen gut auskommt?

»Ich mische sie und stecke sie zusammen, je nach Größe, Alter und Aggression«, sagt sie. »Das ist gesund, solange ich die Schweine verstehe und ihnen eine Umgebung biete, die für alle neu ist und wo sie viel Platz haben. Das bedeutet, ein Schwein kann vor einem dominanten Schwein wegrennen und sich in Sicherheit bringen«, erklärt sie. »Nach einer Weile gibt das dominante Schwein auf und beginnt zu grasen. So gewöhnen sie sich aneinander, und schließlich werden sie müde und zanken sich nicht mehr. Dann besiegeln sie ihre Freundschaft, indem sie sich nebeneinanderlegen und gemeinsam dösen.«

# Unter den Sternen schlafen

Wenn das Wetter es erlaubt, dürfen Wendys Schweine ihre Schlafquartiere verlassen und alleine schlafen, wenn sie wollen.

»Die Hitze kann ihr Verhalten ein bisschen verändern«, sagt sie, während wir durch ihren Garten schlendern. Manchmal gehen sie an Sommerabenden nach draußen, suchen sich eine Hecke oder eine Bank und schlafen unter freiem Himmel. Wenn ich in einer klaren Nacht aus dem Fenster schaue, sehe ich sie in Reihen nebeneinanderliegen.«

Wendy malt mir dieses Bild in lebhaften Farben, und ich bin ganz begeistert von der Vorstellung, dass Schweine, wenn es drinnen stickig ist, lieber ihr Strohlager verlassen und unter freiem Himmel schlafen. Als sie beschreibt, wie in einer heißen Nacht einmal eine Gruppe an ihrem Fenster vorbeilief, um sich unter die Bäume zu legen, sehe ich sie auf einmal weniger als Nutztiere, sondern eher als freundliche Wanderer auf dem Lande. Ich kann mir sogar kaum etwas Besseres vorstellen, als in der Morgendämmerung zu laufen und an einer Reihe schlafender Schweine an der Grenze zwischen zwei Feldern vorbeizukommen.

Während mir bei dem Gedanken an ein Wildschwein instinktiv die Haare zu Berge stehen, habe ich vor Hausschweinen keine Angst. Wir haben vermutlich lange genug zusammengelebt, um in unserer DNA einen gegenseitigen Respekt füreinander entwickelt zu haben. Sie mögen von beachtlicher Größe sein, aber das hat mit ihrem Temperament nichts zu tun. Natürlich beschützt eine Mutter instinktiv ihr

Junges und sollte mit Vorsicht behandelt werden, aber auf eine Gruppe von Sauen zu treffen, die Nase an Schwanz im Morgentau in einem Graben dösen, würde mir definitiv den Tag verschönern. So unwahrscheinlich es ist, dass das passiert, so sehr weiß ich zu schätzen, was Wendy hier geschaffen hat, indem sie sich einfach zurücknimmt und anerkennt, dass es möglich ist, auch ohne Stall erfolgreich viele Schweine zu halten.

## Die tierische Schmusedecke

Wenn es etwas gibt, das ein Hausschwein genauso schätzt wie regelmäßige Mahlzeiten, dann ist es ein Bett für die Nacht. Es braucht zum Schlafen Stroh, einen trockenen Raum ohne Zugluft, und das ist es auch schon. Kurz, Schweine führen ein sehr einfaches Leben, was sich in der Vielzahl ihrer reizenden Schlafquartiere überall in der englischen Landschaft widerspiegelt.

Der Schweinekoben ist wahrscheinlich die am weitesten verbreitete Art von Unterkunft. Er besteht oft aus einer verzinkten, halbrunden Metallabdeckung mit einer festen Rückwand und Blechen zu beiden Seiten des Eingangs, um den Wind abzuhalten. Aber das Schwein schläft fröhlich in jedem Raum, der seinen grundlegenden Bedürfnissen entspricht, von Ställen aus Stein über Scheunen bis hin zu Schäferhütten.

Als wir vernünftig wurden und Butch und Roxi nach draußen verfrachteten, wollte ich ihren Lebensraum so großzügig wie möglich gestalten. Zu diesem Zweck baute ich unter anderem meinen Gartenschuppen für sie um. Statt einfach einen Verschlag auf eine Fläche zu setzen, die ein perfekter Wühlgrund für Schweine war, bat ich einen befreundeten Schweinehalter aus dem Ort, mir dabei zu helfen, an die Rückseite des Gartenhauses, das für Gartengeräte reserviert war, die ich nie benutzte, einen Raum anzubauen. Mit einem Eingang von der Seite und einem schrägen Dach bot er genug Platz für zwei Schweine und schützte sie vor den Elementen. Nachdem ich den Anbau mit Stroh ausgelegt hatte, forderte ich meine Untermieter im Haus auf, mir zu folgen.

Zunächst inspizierten beide Schweine das Gehege und verschwanden dann in ihrem Schlafquartier. Man hörte, wie sie sich gegenseitig schubsten und das Stroh auf dem Boden hin und her schoben. Als dann plötzlich absolute Stille eintrat, musste ich einfach nachsehen.

Ehrlich gesagt hatte ich Sorge gehabt, dass Butch und Roxi, nachdem sie – wenn auch nur kurz – auf unseren Sofas im Haus geschlafen hatten, über den Umzug in den Anbau mit hartem Fußboden und ohne Fernseher jammern würden. Wir hatten das Dach drinnen im Schuppen mit Scharnieren angebracht, sodass ich es anheben konnte, wenn ich von oben Zugang zu meinen Schweinen haben musste. Jetzt öffnete ich es vorsichtig einen Spalt und spähte zu meinen Schweinen hinunter. Butch und Roxi lagen nebeneinander gegenüber dem Eingang, halb mit Stroh zugedeckt. Sie sahen aus wie umgedrehte Boote im Bootsschuppen und begingen offensichtlich ihren Umzug in den Garten mit einem

Nachmittagsschläfchen. Leise schloss ich die Klappe wieder und ließ sie schlafen.

Je mehr sie sich daran gewöhnten, desto häufiger sah man ihre Schnauzen während ihrer Schlafzeiten am Eingang. Nach ein paar Wochen schliefen sie beide mit den Köpfen über der Schwelle, ausgenommen an Tagen, wenn Roxi nach einem anstrengenden Arbeitstag voller Graben und Wühlen hineinkrabbelte und einschlief, ohne sich umzudrehen. Dann schlief unser kleiner Eber mit der Schnauze zwischen Roxis rosigen Hinterbacken. Das war zwar nicht gerade der erhebendste Anblick, aber dem Schnarchen nach zu urteilen, das diese Position begleitete, betrachteten beide es wohl als eine Art von Schmusedecke.

## Das saubere Schwein

Von allen Nutztieren wird das Schwein wahrscheinlich am meisten missverstanden. Von klein auf wird uns beigebracht, dass Schweine unordentlich und unhygienisch sind, aber das stimmt überhaupt nicht. Im Gegensatz zu jedem anderen landwirtschaftlichen Nutztier schaffen sich Schweine einen Toilettenbereich, der von den Schlafquartieren so weit wie möglich entfernt ist. Im Haus kostete mich das den Teppich hinter dem Fernseher. Draußen war ihre Wahl vollkommen vernünftig, auch wenn ich deswegen nachts aufwachte.

Allmorgendlich gegen drei Uhr weckte mich ein dumpfes Geräusch draußen, dass sich so anhörte, als fiele ein besonders ungeschickter Einbrecher vom Zaun. Darauf folgte das Schnaufen und Schnarchen eines mürrischen alten Ebers, der vom Schuppen zur entgegengesetzten Ecke des Geheges wanderte. Dann hörte es sich so an, als würde jemand für etwa dreißig Sekunden den Gartenschlauch aufdrehen, gefolgt von dem Geräusch, mit dem Butch zu seinem Schlafplatz zurückkehrte. Dort begann erneut die Schubserei, untermalt von den Beschwerden des Partners, den er gerade gestört hatte, bis er sich schließlich wieder hingelegt hatte. Nachdem ich schon einmal wach war, musste auch ich unweigerlich zur Toilette und dort das Gleiche tun. Natürlich hob ich zuerst den Deckel, und ich zweifele nicht daran, dass Butch von Roxi genau die gleichen strengen Anweisungen bekam wie ich von meiner Frau.

Außerhalb des Hauses – in ihrer rechtmäßigen Umgebung – lebten die Schweine nie im Dreck. Butch und Roxi vollzogen sogar das schweinische Äquivalent zum regelmäßigen Wechseln der Bettwäsche. Alle paar Wochen, wenn sie das Stroh im Schlafquartier so zerquetscht hatten, dass es nicht mehr abfederte, kehrten die Schweine es mit ihren Schnauzen nach draußen. Das meiste war zu Staub zermahlen, und doch arbeiteten sie hart, um ihre Kammer sauber zu machen. Zugleich war es für mich das Signal, dass ich sie mit frischem Stroh versorgen musste. Also holte ich aufs Stichwort einen neuen Strohballen. Ich brauchte ihn nur durch die Luke hereinfallen zu lassen und mich dann hinabzubeugen, um die Schnur zu zerschneiden.

Die ersten Male hatte ich das Stroh sorgfältig verteilt, aber sie ordneten es sowieso wieder neu und gaben mir das Gefühl, alles falsch gemacht zu haben. War der Ballen aufgeschnitten, machten sie sich, noch bevor ich die Tür an der Vorderseite des Schuppens geschlossen hatte, drinnen in ihrer Kammer an die Arbeit und verteilten das Stroh so lange, bis sie restlos zufrieden waren. Und als ich dann noch regelmäßig ihren Latrinenbereich ausschaufelte und diese Erde mit dem alten Stroh mischte, stellte ich fest, dass mein Kompost für die Beete im Garten die reinste Kraftnahrung war.

Butch und Roxi waren zufrieden, ich auch, und mit meinen Sonnenblumen hätte ich Preise gewinnen können. In Zusammenarbeit mit den Schweinen und ihren untadeligen Standards an jedem Ende des Geheges, schufen wir uns unseren eigenen privaten Lebenskreis. In gewissem Sinne war es ein Ausgleich für ihre Erdarbeiten in der Mitte, die ich nur als Hölle auf Erden bezeichnen kann.

## Der Schlamm-Mythos

Professor Mendl ist der Ansicht, dass Schlamm für das größte Missverständnis über Schweine verantwortlich ist.

»Wenn sie draußen auf einem Feld gehalten werden, verwandeln sie es in ein sumpfiges Chaos«, sagt er und erkennt damit die Tatsache an, dass dort, wo Schweine sind, auch Matsch ist. Aber dann erklärt er mir, das sei lediglich ein Nebenprodukt ihrer Leidenschaft fürs Graben und keine angeborene Zerstörungslust.

Natürlich ist jedes Schwein imstande, makellose Grünflächen innerhalb kürzester Zeit in einen Sumpf zu verwandeln. Daraus darf man jedoch nicht folgern, dass es ihnen so gefällt oder schlicht egal ist.

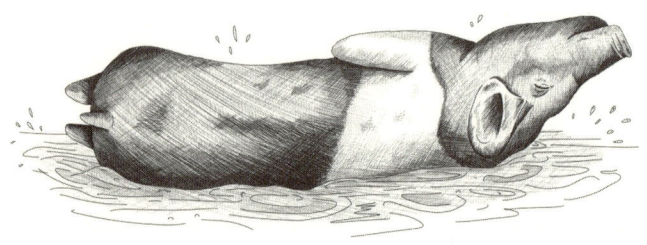

Als ich Butch und Roxi das erste Mal in ihr neues Zuhause brachte, hatten bis dahin jahrelang Hühner dort gelebt. Damals dachte ich, ihr ständiges Scharren im Erdreich sei schlimm. Sie hatten das Gras im Gehege weggekratzt und die Erde an der Oberfläche zu feinem Pulver zermahlen. Die Schweine jedoch hatten alles binnen vierundzwanzig Stunden auf die nächste Ebene gebracht. Im wahrsten Sinne des Wortes. Ich erinnere mich deutlich daran, wie ich am Zaun stand, um ihre Arbeit zu beobachten. Starr vor Schreck registrierte ich lediglich die Tatsache, dass sie unter der tiefen Schicht aus Erde und Lehm offenbar eine unterirdische Wasserquelle entdeckt hatten. Das Rinnsal erwies sich dann allerdings als Abfluss von einem nahe gelegenen Feld und nicht als Quelle, deren Wasser ich in Flaschen hätte abfüllen und verkaufen können. Nichtsdestotrotz beschleunigte das Wasser die Verwandlung eines einstmals schattigen Gartenabschnitts in das Schlachtfeld an der Somme.

Manchmal, für gewöhnlich nach heftigem Regen, wurde die Kraterlandschaft für die Schweine stellenweise unpassierbar. Dann kehrten sie von einem Toilettengang zurück und waren bis zu den Schultern mit Schlamm bedeckt. Aber sie fanden sich damit ab, und nichts hielt sie von ihrer Mission ab, die Wurzeln der großen Eiche nebenan zu unterminieren. Dennoch war das Gehege das reinste Chaos, und ich spürte, dass meine Schweine nicht ganz glücklich darin waren.

»Wir müssen ihrem Gehege eine kleine Auszeit verschaffen«, schlug ich Emma eines Tages vor, als es besonders heftig schüttete. Keines der Schweine hatte auch nur den Rüssel aus dem Schlafquartier gesteckt, und sie taten mir einfach leid.

»Wo sollen wir sie denn hinbringen?«, fragte sie und sah mich dann groß an, als ich durch das Fenster in den Garten blickte. Dorthin hatten wir schon die Hühner gebracht, nachdem der Boden im Gehege so zerwühlt war, dass er sie zu verschlucken drohte.

»Nur für kurze Zeit«, sagte ich. »Ich zäune einen Bereich ein und bringe ihn dann hinterher wieder in Ordnung.«

Meine Frau konnte nicht hinsehen, als ich später am Tag Butch und Roxi auf den Rasen einlud. Mürrisch traten sie ins Tageslicht, spitzten aber dann die Ohren, als ich sie auf das offene Tor hinwies. Ich stelle mir vor, dass sie dahinter das üppige Grün sahen und sich wahrscheinlich fragten, ob sie träumten. Roxi trat mit den Hinterläufen aus und war als Erste draußen. Quiekend rannte sie durch das neue Gehege. Butch musste erst all seinen Mut zusammennehmen, folgte dann aber rasch ihrem Beispiel. Und als ich sah, wie sie die erste von vielen Grassoden aufrollten, wusste ich, dass das eben der Preis war, den wir dafür bezahlen mussten, dass wir auf den Mythos des Minischweins hereingefallen waren. Damals war es mir wie ein großes Opfer vorgekommen, aber mit anzusehen, wie sich ihre Laune hob, wenn sie die Schnauzen in das frische Gras drückten, entschädigte für alle Unbill.

Das Erdreich im alten Gehege war völlig umgepflügt, aber nach einer Trockenperiode und einigen Erdarbeiten brachte ich die Schweine wieder dorthin zurück, damit sie es erneut in Angriff nehmen konnten. Ich hielt auch mein Versprechen Emma gegenüber und legte neuen Rasen im Garten aus, wo die Schweine ihn verwüstet hatten. Allerdings mussten wir das Ganze während der nächsten Regenzeit wiederholen, und danach sahen beide Bereiche wieder so aus wie vorher. Schweren Herzens dämmerte uns langsam, dass wir letztlich keine andere Wahl hatten. Uns beiden war schmerzlich klar, dass Butch und Roxi mehr Platz brauchten, der geteilt und regelmäßig gewechselt werden konnte. Mit dem Lärm und dem frühmorgendlichen Frühstücksgeschrei kamen wir zurecht, aber das Chaos wurde letztendlich zum Maß ihres Glücks. Am wichtigsten war Butchs und Roxis Wohlergehen, und deshalb machten wir uns auf die Suche nach neuen Weidegründen für sie.

# Badezeit

»Es heißt immer, Schweinen mache Matsch nichts aus, aber ich hasse es, wenn die Tiere bis zum Bauch durch Schlamm waten müssen. Sie sind hart im Nehmen, aber ich glaube nicht, dass ihnen das gefällt.«

So Wendys Kommentar zu meiner Geschichte über die Herausforderungen, denen wir in unserem Garten gegenüberstanden. Ich bin froh, dass ich mit jemandem wie ihr auf einer Wellenlänge bin, wenn es um das Wohlergehen der Schweine geht. Butch und Roxi begrüßten jeden neuen Tag mit Genuss, und sie zeigten keine Unzufriedenheit, aber ich war einfach nicht glücklich mit der Qualität des Bodens unter ihren Füßen.

»Sie mögen es eigentlich nur im Sommer«, fährt Wendy fort. »Wenn es heiß ist, brauchen sie kein Wasser, dann brauchen sie Schlamm.«

Es ist schwer zu behaupten, dass Schweine Dreck nicht mögen, wenn man sieht, wie sie sich im Schlamm wälzen. Der Anblick eines glücklichen Schlammmonsters untergräbt die Behauptung ein wenig. Aber die Aktion hat eine lebenswichtige Funktion.

»Schweine haben, abgesehen vom Rüssel, keine Schweißdrüsen«, erklärt Professor Mendl. »Sie nutzen nassen Schlamm und bedecken sich damit, weil die Feuchtigkeit nur langsam verdampft und sie dadurch kühl bleiben.«

Abgesehen von der Temperaturregulierung, nimmt man an, dass Schweine sich auch im Schlamm wälzen, um Läuse und Parasiten loszuwerden. Da ich beobachtet habe, wie meine Schweine sich im Matsch wälzen, glaube ich sofort, dass ein nettes Schlammbad gut für ihr Wohlbefinden ist. Seit römischen Zeiten haben wir uns mit dem Zeug eingeschmiert zur Heilung von Hautkrankheiten und Linderung von Gelenkschmerzen. Schweine bezahlen zwar kein Geld für die gleiche Behandlung, aber mir gefällt der Gedanke, dass sie es schätzen, wie ein Schlammbad den Geist entspannt und die Seele beruhigt. Als ich das Wendy gegenüber äußere, lacht sie mich nicht aus.

»Meine Schweine gehen in den Graben und bauen sich einen Pool, wenn es warm ist«, sagt sie. »Sie graben einfach immer weiter und geben Wasser darüber, damit es schön schlammig wird. Das ist wichtig für sie.«

»Butch und Roxi haben immer so lange gegen ihre Wasserschüssel getreten, bis sie umkippte«, sage ich. »Ich hatte nie die Chance, für sie mit einem Schlauch eine Suhle zu machen.«

Ich merke, so wie ich das sage, klingt es so, als hätte ich mir mein Leben lang nichts anderes gewünscht. Doch Wendy sagt mir, Schweine seien schlau genug, um sich selbst darum zu kümmern.

»Sie sind auch tatsächlich clever genug, genau die richtigen Körperteile zu bedecken«, sagt sie. »Zuerst stecken sie die Nase hinein. Dann beschmieren sie ihr Gesicht, damit sie keinen Sonnenbrand bekommen. Danach folgen die Geschlechtsteile. Sie reiben Hinterteil und Schwanz im Schlamm, damit er sich auch zwischen ihren Hinterbacken absetzt.«

»Wirklich?«

»Na ja, die Genitalien sind ja haarlos, und da können sie auch Sonnenbrand kriegen«, sagt sie. »Und egal, ob es Weibchen oder Männchen sind, zum Schluss beschmieren sie ihre Zitzen, und dann, wenn alles erledigt ist, zappeln sie einfach hin und her wie ein Fisch.«

Ich falle in Wendys Lachen ein. Ein Schwein in einer Suhle ist zweifellos ein komischer Anblick, aber er hat auch etwas Fröhliches. Da es ständig auf Nahrungssuche ist, kann ein Schwein ohne Weiteres bis zu achtzehn Stunden am Tag graben und wühlen, und dadurch hat es gelernt zu akzeptieren, dass Matsch zu seinem Leben gehört. Zu viel sollte es vielleicht nicht sein, aber das Schwein erkennt auch, dass mit Wasser vermischte Erde Eigenschaften besitzt, die seiner Gesundheit und seinem Wohlbefinden gut tun. Ein Schlammbad ist effektiver als ein kaltes Bad an einem heißen Tag und macht bestimmt viel mehr Spaß.

# 8

## Die Sau und der Eber

### The heat is on

Drei Wochen hintereinander war Roxi ein reizendes Schwein. Ihr Tagesablauf gefiel ihr, und wenn ich zu ihr und Butch ins Gehege kam, lief sie mit fröhlichem Grunzen auf mich zu. Ja, sie sprang manchmal ein bisschen heftig mit Butch um, der im Vergleich zu diesem schnaubenden, rosa und schwarz gefleckten Ungetüm sehr klein war, aber im Großen und Ganzen war sie eine gutmütige Sau mit einer Vorliebe für Pfirsiche, einer ungezwungenen Einstellung zu Flatulenzen und der Angewohnheit, an meinen Gummi-stiefeln zu knabbern, wenn ich ihr nicht genug Aufmerk-samkeit schenkte.

Und doch fand alle einundzwanzig Tage eine gewaltige Veränderung statt, die Dr. Jekylls Verwandlung in Mr. Hyde gleichkam. Sie konnte jederzeit beginnen und wurde ange-zeigt durch eine laute Klage aus dem Gehege, bei der die

Vögel in den Bäumen verstummten. Als ich von drinnen das erste Mal den Gesang hörte, rannte ich zum Fenster, weil ich glaubte, ich müsste einen Notruf an den Tierarzt absetzen. Roxi klang zutiefst betrübt, und doch schwang in ihren Schreien auch noch so etwas wie Wut mit. Als ich aus dem Fenster schaute, sah ich eine Sau, die mit den Vorderfüßen auf dem Zaun stand, als wartete sie auf meine volle Aufmerksamkeit. Ob sie mich nun sah oder meine Gegenwart nur spürte, auf jeden Fall brüllte sie mich mit solcher Kraft an, dass die Fensterscheiben vibrierten.

Als ich nach draußen eilte, verwandelte sich meine Sorge um Roxi in Verwirrung. Sie schien weder krank zu sein noch Schmerzen zu haben, aber irgendetwas machte sie verdammt wütend. Ich versuchte mit ihr zu reden. Meine Sau drehte sich prompt im Kreis und stieß ihre Schnauze so aggressiv in die Erde, dass mir die Brocken nur so um die Ohren flogen. Ich trat einen Schritt zurück und starrte sie erschrocken an. Roxi stemmte einfach alle viere in den Boden und musterte mich finster. Da fiel mir auf, dass sie streng roch. Ich hatte mich so an ihren natürlichen Geruch gewöhnt – ein süßer Duft nach Erde –, dass ich ihn eigentlich ganz gern mochte, aber in diesem Moment war der Geruch überwältigend. Und als sie aufzugeben schien, fiel mir auf, dass an meinem Schwein körperlich etwas anders war. Nicht nur ihr Benehmen, auch die Falten zwischen ihren Hinterbeinen hatten sich gewaltig verändert.

In diesem Augenblick trat Emma, angelockt von dem Lärm, neben mich. Ich warf ihr einen Blick von der Seite zu und konzentrierte mich dann wieder auf meine Entdeckung.

»Ist das ihre Vulva?«, fragte ich.

Dieses Mal warf meine Frau mir einen Blick von der Seite zu. Er war vernichtend, aber als sie das Hinterteil des Schweins betrachtete, wurde ihre Miene besorgt.

»Sie sieht ein bisschen angeschwollen aus«, sagte sie, was eine Untertreibung war. Dann zuckten wir beide zusammen, als Roxi tief Luft holte und wieder anfing zu schreien.

»Wo ist Butch?«, fragte Emma mich.

Meine Sau führte sich dermaßen auf, dass ich ihren Gefährten ganz vergessen hatte. Ich überflog das Gehege, sah nirgends ein Anzeichen von ihm und merkte plötzlich, dass aus dem Stroh im Schlafquartier ein Paar Augen hervorlugten.

»Da«, sagte ich und lenkte Emmas Aufmerksamkeit auf den Anbau am Schuppen. »Er versteckt sich unter der Bettdecke.«

Es war unser freundlicher örtlicher Schweinehalter, der uns informierte, dass Roxi nicht im Sterben lag, sondern einfach in der fruchtbaren Phase ihres Monatszyklus war. Einerseits war ich erleichtert, andererseits fand ich es erschreckend, dass sich ihr Verhalten derart änderte. Einige Tage und Nächte lang war sie durch nichts zu beruhigen, und in dieser Zeit versteckte sich Butch vor ihr. Dann verschwand die Hitze plötzlich so schnell, wie sie gekommen war, und Roxi fand zu ihrem normalen entspannten Ich zurück. In der einen Minute wütete sie noch gegen die Äste der Eiche, wirkte erhitzt, ärgerlich und im Krieg mit der Welt um sie herum, in der nächsten grub sie wieder friedlich zusammen mit ihrem Seelengefährten in der Erde.

Als ich Professor Mendl von diesem – wie sich heraus-stellte, regelmäßigen – Ereignis erzähle, stellt er mir nur eine einzige Frage: »Hat der Eber jemals versucht, sie zu besteigen?«

»In diesem Bereich hätte er nicht viel ausrichten kön-nen«, sage ich und mache die traurige schnippelnde Geste, die alle Männer zu verstehen scheinen.

»Nun, dann hat sie nach einem Gefährten gerufen«, sagt der Professor.

Als er mir von den tief greifenden hormonellen Verände-rungen erzählt, die das weibliche Schwein während der Ovu-lationsperiode durchmacht, wenn es zwischen drei und sechs Monaten die sexuelle Reife erreicht, überlege ich, ob Roxi all ihre Wut und Frustration auf mich richtete, weil ich ihr kei-nen Verehrer brachte, der ihre Bedürfnisse erfüllen konnte. Der Professor sagt, der erregte Zustand, den ich beschrieben habe, die gespitzten Ohren und die Neigung, starr aufrecht zu stehen als Anzeichen für sexuelle Empfänglichkeit, seien für eine junge Sau in Hitze nicht ungewöhnlich. Trotzdem frage ich mich unwillkürlich, ob Roxi ihre Anziehungskraft nicht gesteigert hätte, wenn sie sich einfach ein bisschen be-ruhigt hätte. Aber dann rufe ich mir ins Gedächtnis, dass ich ihr Verhalten mal wieder durch einen menschlichen Filter interpretiere. Butch machte sich rar, als sie anfing, aber was in meinen Ohren wie gequältes Schnaufen und Quieken klang, waren in Wirklichkeit nur die Laute eines Schweins, das von dem Bedürfnis besessen war, eine grundlegende reproduktive Funktion zu erfüllen. Ich nehme an, ein intakter Eber hätte die Veränderung in ihrem Duft und das ständige Schreien richtig interpretiert und reagiert, als hätte sich eine riesige sexy Eichel eigens für ihn materialisiert.

Laut Professor Mendl ist es eine klare einmalige Gelegenheit, die zu ignorieren sich der Eber gar nicht leisten kann. »Zeigt er hingegen Interesse an einer Sau, die nicht heiß ist, dann kann sie ziemlich gereizt reagieren«, sagt er. Insgeheim denke ich, dass ich Butch wohl einen Gefallen getan habe, als ich ihn auf die Weide ließ, statt ihn womöglich noch größerem Zorn auszusetzen, wenn Roxi nicht in Stimmung war.

## Ein Hoch auf die Eber

Als ich als Junge bei meinen Großeltern in den Somerset Levels war, wurde ich einmal von einer Rinderherde umzingelt. Ich lief damals quer über eine Wiese. Mein Großvater hatte mir seine beiden geliebten Labradorhunde zum Spazierengehen anvertraut, was für einen Achtjährigen eine große Sache war, obwohl ich mir heute ziemlich sicher bin, dass sie eher auf mich aufpassen sollten.

Bis dahin hatten mich Kühe nie gestört. Ich achtete kaum auf sie, als ich den beiden Hunden folgte. Die Herde hatte sich so auf der Wiese verteilt, dass sie nicht einmal wie eine Gemeinschaft wirkte. Ich weiß nicht, was die Tiere dazu bewog, sich auf einmal gegen mich zu wenden, aber plötzlich kamen sie von allen Seiten auf mich zu. Erst langsam, dann trabten sie los, und schließlich verfielen sie in einen donnernden Galopp.

Es war vielleicht das erste Mal, dass ich so schnell rannte, wie meine Beine mich trugen. Selbst die Hunde rannten weg, bis ihnen der Sicherheitsabstand groß genug erschien, kamen dann allerdings wieder zurück, um mich zu begleiten. Ich weiß nicht, ob mein Großvater mir wirklich glaubte, und wahrscheinlich übertrieb ich die Dramatik der Situation beim Erzählen auch, damit ich in seinen Augen nicht wie ein Feigling wirkte. Wie auch immer, seitdem überquere ich nicht mehr so gerne Wiesen, auf denen Kühe grasen, obwohl ich es auf meinen Läufen eigentlich regelmäßig muss. Ich behalte die Kühe im Auge, und wenn ein Bulle eine drohende Haltung einnimmt, laufe ich schneller und hoffe, dass nichts passiert. Schafe spritzen meistens auseinander, und das ist nicht so schlimm, aber Schweine sind eine Klasse für sich.

Ich bin beim Laufen noch nie Schweinen begegnet, die sich auf öffentlichem Grund und Boden aufhalten. Farmer halten sie meistens von diesen Flächen weg, einfach weil Schweine misstrauisch gegenüber Fremden sein und bei Annäherung unberechenbar reagieren können und eine Sau, die Ferkel hat, einen als Bedrohung betrachtet. Es gibt jedoch eine Strecke, die ich ab und zu laufe, die mich manchmal über ein Feld mit einem Eber führt. Er wird neben einem Feld voller Sauen gehalten, sodass er mit ihnen reden kann. Der Boden ist hier uneben und zerklüftet, was angesichts der Lieblingsbeschäftigung des Feldbewohners keine Überraschung ist. Allerdings ist das nicht der Grund, warum ich im Allgemeinen dieses Feld meide und lieber den langen Weg darum herum nehme.

146

Zweifellos wurzelt mein Widerstreben zum Teil in meiner Begegnung mit den Rindern als Junge. Ich hatte solche Angst, dass ich einen Herzschlag lang wie angewurzelt stehen blieb auf einer Fläche, die so groß war, dass ich keine Fluchtmöglichkeit sah. Dieses Gefühl möchte ich nicht noch einmal erleben. Zudem ist der Eber auf dem Feld ein großes, altes Untier. Alles an seiner physischen Erscheinung wirkt auf mich beunruhigend. Von den verhangenen Augen über die prähistorischen Hauer bis zu der fledermausähnlichen Schnauze und einem Gebrüll, das Tote aufwecken könnte, ist er einfach kein Tier, dem ich gerne begegnen möchte. Und dann ist da noch seine schiere Größe. Er besteht nur aus Borsten und Muskelmasse, und das eine Mal, als ich glaubte, meine Angst überwinden zu müssen, erwies er sich als überraschend leichtfüßig. Er drehte nur den Kopf in meine Richtung und stellte sich dann drohend in Positur. Das reichte mir, um meine Entscheidung noch einmal zu überdenken und ihn in Ruhe zu lassen.

Wahrscheinlich begegnete dieser Eber Läufern und Spaziergängern, die sein Königreich durchquerten, ganz entspannt. Vermutlich würde er gar nicht auf diesem Feld gehalten werden, wenn es Anlass zur Besorgnis gäbe. Nichtsdestotrotz strahlt er etwas unglaublich Mächtiges aus. Er ist halb wildes Tier, halb Leibwächter, der seinen Harem vor Rivalen schützt. Und ich habe einfach keine Lust herauszufinden, ob ich eine Bedrohung für ihn wäre oder nicht. In gewisser Weise schüchtert er mich mehr ein als der Bulle. Beide existieren nur, um zu dienen und zu beschützen, und wenn ein Bulle rot sieht, dann folgt er nur seinem Instinkt.

Es ist ein wütender Tunnelblick, und ich möchte nicht am anderen Ende des Tunnels stehen. Doch ein Eber in Rage kommt mir wesentlich schlauer vor. Ein Blick in seine Augen sagt mir, dass er genauso komplex denken kann wie wir, und ich möchte nicht unbedingt feststellen, dass er mir zwei Schritte voraus ist.

## Herbie

Die Welt, die Wendy auf ihrer Farm umgibt, ist zutiefst friedlich. Vom Garten über die Felder bis in den Wald dürfen ihre Schweine graben und spielen, sich sonnen, schlafen und zufrieden ihre Ferkel großziehen. Hühner scharren im Dreck, und ihre drei Hunde rennen von einem Loch zum anderen, als ob sie einen Wettbewerb austrügen, den wir nicht verstehen. Sie hat hart daran gearbeitet, sich hier ein Leben zu schaffen, in dem alle miteinander auskommen, und vieles davon hat damit zu tun, wie kenntnisreich und sensibel sie mit den Ebern umgeht. Allerdings gibt Wendy auch freimütig zu, dass es Zeiten gab, in denen sie ihre Geduld auf eine harte Probe stellten.

»Herbie war ein Schatz«, sagt sie von einem ihrer frühen Schweine. »Er war ein Kunekune, die bekannt sind für ihr Temperament, und zweifellos eines der liebsten und sanftesten Geschöpfe. Ich habe ihn immer mit einem Brett und einem Stock in Gang gesetzt, aber ich brauchte ihn nicht zu berühren. Ich steuerte ihn damit nur. Eines Wintermorgens trotteten wir beide vor uns hin, als er sich plötzlich umdrehte und mich so fest stieß, dass ich hinfiel. Ich trug einen Skianzug, da es so kalt war, und er packte mich am Hosenbein. Dann versuchte er mich zu schütteln. Ich geriet in Panik, riss mich los und rannte weg. Aus sicherer Entfernung beobachtete ich, wie Herbie in den Hof stampfte, und rannte schnell quer übers Feld, um das Tor zu schließen.

Ich musste ihn in seinen Stall bringen, damit er sich beruhigte, weil er wirklich sehr wütend aussah, aber ich hatte Angst«, sagt sie. Ihre Stimme klingt gequält, als sei dies das letzte Gefühl, das ein Schweinehalter erleben will. »Also holte ich das Brett und den Stock und kletterte in den Hof zu ihm. Sofort ging er auf mich los. Ich hatte damals einen Truck mit Anhänger im Hof geparkt und sprang schnell über die Anhängerkupplung, um von ihm wegzukommen. Herbie schoss einfach hinten um den Trailer herum, um mir den Weg abzuschneiden.«

Wendy schweigt, um mir Zeit zu geben zu begreifen, was das bedeutet. »Ich dachte, er kriegt mich«, sagt sie dann.

»Warum hat er Sie überhaupt angegriffen?«, frage ich.

Wendy macht den Eindruck, dass sie im Lauf der Jahre oft darüber nachgedacht hat. Der Vorfall erinnert sie wohl immer wieder daran, dass Eber äußerst gefährlich sein können, auch wenn das selten vorkommt.

»Ich kann mir nur vorstellen, dass er auf dem Brett vielleicht einen anderen Eber gerochen hat«, sagt sie.

Wir gehen zum Hof. Ich habe nach Wendys Erzählung leichte Vorbehalte gegen männliche Schweine, aber als wir auf zwei ihrer Eber treffen, macht ihr das offensichtlich nichts aus. Ich hätte nicht dem wütenden Herbie gegenüberstehen mögen, und mein Respekt vor ihr wächst. Andererseits sehen die beiden, die sie mir vorstellt, so aus, als könnten sie kein Wässerchen trüben.

## Der kleinere Eber

Weder Größe noch Alter oder besonders gutes Aussehen sprechen für diese Jungs, obwohl das wahrscheinlich keinem der beiden bewusst ist. Die beiden borstigen Biester im Stall vor mir werfen sich in Positur, als wollten sie sagen, leg dich bloß nicht mit mir an, und dadurch gewinnen sie im Gegensatz zu ihren wirklichen Alpha-Gegenparts sofort meine Zuneigung.

»Dieser hier ist zu einem Viertel Meishan«, sagt Wendy, als wir ein lehmfarbenes Kerlchen mit faltiger Haut und Hängeohren begrüßen. »Er war ein kleiner Irrtum«, fügt sie hinzu, wobei sie die Stimme senkt, um den ungewöhnlichen Fehler zuzugeben, der ihr trotz ihrer beeindruckenden Fähigkeiten im Umgang mit Nutztieren unterlaufen ist. Das Viertel-Meishan-Schwein nimmt meine Anwesenheit mit einem Bariton-Grunzen zur Kenntnis. Hätte ich dabei nicht diesen speckigen Kerl auf den kurzen Beinen vor Augen gehabt, hätte ich den Ton beunruhigend gefunden, die Art von Laut, mit dem man in einer überfüllten Kneipe rechnen muss, wenn man zufällig gegen einen Motorradfahrer mit einem Bierglas in der Hand stößt.

Wendy lenkt meine Aufmerksamkeit auf die beeindruckenden Hautfalten des Schweins. Seine Schnauze sieht aus, als sei es gegen eine Ziegelmauer gelaufen, und jetzt fängt es an zu schnaufen und zu puffen. Zugleich kommt es in kampfbereitem Gang auf uns zu. Wendy ignoriert die zunehmend aggressive Atmosphäre und greift durch das Tor, um das Meishan unter dem Kinn zu kraulen.

»Er ist mit seinem kleinen dicken Freund hier drin«, sagt sie mit einer fröhlichen Stimme, die diesen borstigen Gesellen vermittelt, wer hier das Sagen hat.

In einer Welt, in der die matrilineare Gruppe nur Raum für ein einziges erwachsenes Männchen lässt, wo bleiben da die Beta-Eber wie Butch und das Macho-Duo, das mit unterwürfigem Quieken auf Wendys Streicheleinheiten reagiert?

»In ihrer natürlichen Umgebung haben manche Eber vielleicht nie einen Harem oder zeugen Nachwuchs, weil andere das Sagen haben«, sagt Professor Mendl, was mich ein bisschen traurig macht. »Beim Wettstreit um Weibchen sind sie alle sehr aggressiv, da das ihr ultimatives Ziel ist. Sonst jedoch sind sie gefügig und vor allem Sauen gegenüber nicht aggressiv.«

Das passt zu Butchs Beziehung zu Roxi. Ungeachtet ihres genetischen Hintergrunds und ihrer Verwandtschaft, die für uns nach wie vor ein Geheimnis war, hatte sich unser kastrierter Eber in seinen Platz als ihr Gefährte gefügt. Wie jedes Paar, das lange zusammen ist, ergänzten auch sie sich in Charakter und Persönlichkeit, aber es war Butch, glaube ich, der sich veränderte, um sich seiner dominanten Partnerin anzupassen. Sie hatte in dieser Beziehung offensichtlich die Hosen an und konnte sich sehr aufregen, wenn die

Dinge nicht so liefen, wie sie es sich vorstellte. Butch reagierte darauf, indem er keinerlei Führungsanspruch stellte und lernte, ihr ein zuverlässiger kleiner Seelengefährte zu sein. Er ließ sich nie davon anstecken, wenn Roxi einen Wutanfall bekam, weil sie gerne früh zu Abend aß. Stattdessen beobachtete er sie ganz ruhig aus sicherer Distanz, und zu gegebener Zeit holte er sie dann wieder auf den Boden der Tatsachen zurück. Natürlich zankten die beiden sich ab und zu – für gewöhnlich, wenn Roxi aufwachte und Butch sich schon auf den Weg zum Frühstück gemacht hatte –, aber Butch ließ nie zu, dass ein ausgewachsener Groll daraus wurde. Er war ihr Fels im Gehege und ihr Schmusekissen im Schlafquartier, und er hatte kein Bedürfnis danach, den Alpha-Eber für eine Sau zu spielen, die doppelt so groß war wie er.

Weil er ein Mann war, wurde Butch frühzeitig kahl. Er war damals erst zwei, und für Schweine mochte das ja normal sein, aber mir kam es ziemlich hart vor. Als er jung war, waren seine Borsten so dunkel und glänzend wie Rabenflügel, aber schon nach den ersten achtzehn Monaten tauchten die ersten grauen Stellen um seine Augen und Schnauze auf, und kurz darauf begann er kahl zu werden. Als ich eines Morgens seinen glatten Schädel, auf dem nur noch eine kleine Bürste über jedem Ohr wuchs, einölte, fragte ich mich sogar, ob er sich mit einem Toupet vielleicht wohler fühlen würde. Unser Schweine haltender Freund unten an der Straße meinte, dass Butch vielleicht nur »haarte«, so wie ein Hund je nach Jahreszeit seine Haare verliert. Er hielt die Angelegenheit für eine Eigenart des Hängebauchschweins, deshalb machten wir uns auch keine Sorgen, als Butch auch Haare über die gesamte Länge seines Rückens verlor. Während diese jedoch kurz darauf nachwuchsen, blieb sein Kopf borstenfrei. Körperlich wurde er unser kleiner alter Mann, aber ich glaube auch, sein Aussehen verstärkte die Tatsache, dass seine Seele weiser wirkte.

Wenn ich seine Rolle bei den großen Ausbruchsversuchen betrachte, war immer Roxi die Anführerin. Und nach meinen Gesprächen mit dem Professor und mit Wendy frage ich mich heute rückblickend, ob Butch ihr nicht nur folgte, um seine temperamentvolle, flatterhafte Freundin im Auge zu behalten. Abgesehen von dem einen Mal, als die gegorenen Äpfel ihn besiegt hatten, war er eigentlich immer nahe bei ihr.

In seiner eigenen ruhigen, vernünftigen Art, als ob er von seinen körperlichen Mängeln wüsste, übernahm Butch die Führung.

## Liebe liegt in der Luft

Es überrascht nicht zu erfahren, dass für ein Tier mit einem so ausgeprägten Geruchssinn der Geruch bei der Werbung um das andere Geschlecht eine entscheidende Rolle spielt. Der Geruch einer Sau ist für den Eber unwiderstehlich. Er zieht seine Aufmerksamkeit an, formt und bestimmt seine Stimmung und diktiert sein Verhalten mit vorhersagbaren Konsequenzen. Er bringt sogar andere Sauen dazu, sie besteigen zu wollen, obwohl sie sie einfach nur abschüttelt.

Zugleich sendet der Eber eigene Signale aus. Er markiert sein Revier mit Urin, stampft, kaut und knirscht mit den Zähnen, um einen schaumähnlichen Speichel zu produzieren. Dieser enthält Sex-Pheromone und wirkt mit den berauschenden Duftnoten seines Urins zusammen, um die Sau auf ihn aufmerksam zu machen und seine Absichten kundzutun. Das mag nicht besonders subtil sein, und für Romantik ist da sicher kein Platz, aber es funktioniert.

Im Durchschnitt kann eine Sau zweimal im Jahr bis zu zwölf Ferkel werfen. Manchmal können es sogar zwanzig sein, was das Schwein zu einem der produktivsten Nutztiere auf einer Farm macht. Ob sie in Gefangenschaft leben oder, wie bei Wendy, nach Lust und Laune kommen und gehen können, Züchten erfordert immer Fürsorge und Aufmerksamkeit, damit man nicht in Ferkeln erstickt. Es beginnt damit, dass man entscheiden muss, ob die Sau für den Eber bereit ist, denn laut Professor Mendl sind nicht alle Schweine so leicht zu durchschauen wie Roxi.

»Wir können Sprays benutzen, um die Brunst zu erkennen«, sagt er und erklärt, dass solche Sprays ein synthetisches Hormon enthalten, das die Anwesenheit des Ebers simuliert. Riecht die Sau es und schaut zu ihren Hinterbeinen, dann ist sie in »stehender Hitze«. Das kann man auch feststellen, indem man den Rücken der Sau herunterdrückt. Wenn sie stehen bleibt und nicht versucht, sich zu entziehen, ist die Zeit gekommen, um sie zum Eber zu bringen, erklärt der Professor.

Die Paarung eines Ebers und einer Sau ist rein funktional. Schweine folgen dabei einem Drehbuch. Ich weiß nicht, ob sie dabei Freude empfinden, aber es ist sicher effizient.

Bei der Begegnung, bei der dem Eber noch der Schaum vor dem Maul steht, beschnüffelt sich das Paar enthusiastisch, während beide einander umkreisen. Dabei schubst der Eber häufig die Flanken der Sau mit der Schnauze an. Das mag aussehen wie eine Art Werbungsritual, und vielleicht ist es auch schmeichelhaft für die Sau, aber geht davon aus, dass der Eber damit die Produktion der Eier kurz vor dem besonderen Moment anregt.

Die Besteigung, wenn es denn dazu kommt, kann bis zu einer halben Stunde dauern. Ich habe einmal mit Emma zusammen bei einem Schweinehaltungskurs auf einer Farm ein paar Minuten lang eine solche Begegnung beobachtet. Die Paarung war nicht Teil des Programms, sondern ein Bonus. Wir waren in der Frühstückspause ein bisschen herumgelaufen und trafen die beiden mitten bei der Sache an. Hin und wieder stieß der Eber zu, als wollte er die Sau daran erinnern, dass er nicht am Steuer eingeschlafen war, aber die meiste Zeit hockte er bloß auf ihr. Die Sau schien währenddessen mehr Interesse am Grasen zu haben.

»Jedem seine Prioritäten«, bemerkte meine Frau, als wir uns schließlich zum Gehen wandten.

Zwar verpasste ich den Höhepunkt, der bis zu drei Minuten dauern kann, aber es freut mich, als ich im Lauf meiner Unterhaltung mit Wendy erfahre, dass der Eber sich danach nicht einfach zu seiner nächsten Eroberung aufmacht. Sie nehmen sich Zeit füreinander, auch wenn der Grund dafür Interpretationssache ist.

»Es gibt definitiv eine Verbindung zwischen den beiden«, versichert sie mir. »Wenn sie sich gepaart haben, legen sie sich hin und kuscheln miteinander. Es sieht sehr süß aus, aber in Wahrheit sind sie wahrscheinlich beide nur müde. Ich glaube nicht, dass sie sagen: ›Ah, das war schön‹.«

# 9

# Was Schweine uns über das Elternsein beibringen können

## Im Schwein

Drei ist eine bedeutsame Zahl, wenn es um die Trächtigkeit von Schweinen geht. Als Faustregel dauert die Trächtigkeit für eine Sau vom Moment der Empfängnis an drei Monate, drei Wochen und drei Tage. Als ich das in meiner Zeit als überforderter Schweinehalter das erste Mal hörte, kam mir das ziemlich märchenhaft vor, und das tut es eigentlich immer noch. Ich hatte nicht das Verlangen, die Anzahl der Schweine in meinem Garten zu erhöhen – ganz im Gegenteil –, aber ich finde dieses Mittel, auf einen Wurf hinzuzählen, immer noch äußerst poetisch.

# Der Nestbautrieb

Vielleicht habe ich nur nicht gut genug aufgepasst, als wir in der Grundschule den traditionellen Ausflug auf den Bauernhof machten. Vielleicht war ich aus dem Zimmer gegangen, um den Wasserkessel aufzusetzen, als in den Naturdokumentationen davon die Rede war. Wie auch immer, jedenfalls ist mir erst kürzlich klar geworden, dass ich bislang durchs Leben gegangen bin, ohne jemals von der wunderbaren Tatsache erfahren zu haben, dass Schweine Meister im Nestbauen sind.

Ich habe immer gewusst, dass Vögel hier nicht das Monopol haben. Säugetiere von der Maus bis zum Gorilla sind dafür bekannt, dass sie sich einen netten, sicheren Ort zusammenbauen, wo sie schlafen oder ihre Jungen großziehen können. Als Professor Mendl mir sagt, dass auch Schweine diesem exklusiven Klub angehören, reagiere ich zuerst so, als hätte ich das schon die ganze Zeit gewusst, und hoffe, dass er mich nicht durchschaut.

»Wenn Sie wissen, wonach Sie Ausschau halten müssen, können Sie im Wald Wildschweinnester finden«, sagt er, und, ehrlich gesagt, wenn mir diese Tiere nicht so viel Angst einjagen würden, dann würde ich mich sofort auf die Suche danach machen. »Im Allgemeinen bleiben Ferkel etwa eine Woche lang bei ihrer Mutter im Nest. Dann beginnen sie ihre Umgebung zu erkunden.«

Der Professor erzählt mir, dass Nestbau eine Form von funktionellem Verhalten ist, für Hausschweine ebenso wie für Wildschweine, weil es einem spezifischen Zweck dient. Wenn die trächtige Sau Zeit hat, sich ein Nest zu bauen, kann sie sich in einer Umgebung, die ihr geschützt, sicher und warm vorkommt, von der Gruppe absondern. Wir reden über die Entwicklung des Abferkelkastens, der in der industriellen Schweinehaltung verwendet wird und der Mutter gerade so viel Platz bietet, dass sie sich zum Werfen hinlegen kann, ohne die Ferkel zu erdrücken. Ich verstehe allmählich, wie wichtig die Arbeit des Professors ist, der ständig danach strebt, das Wohlergehen der Schweine zu verbessern. Das Nest wird von der Sau selbst gebaut, damit es auf ihre Bedürfnisse zugeschnitten ist. Wir mögen in der Lage sein, einen künstlichen Raum zu schaffen, um so effizient wie möglich vorgehen zu können, aber letztlich muss es unser Ziel sein, den Nestbautrieb zu ermutigen und den Schweinen die Freude und das Vergnügen zu gestatten, die mit dem Nestbau einhergehen.

Als ich das Thema Nestbau bei Wendy auf der Farm anschneide, erzählt sie mir, dass das nicht nur das Privileg einer trächtigen Sau sei.

»Oh, ich habe auch schon Jungs Nester bauen sehen«, sagt sie beiläufig. Wir stehen jetzt am Rand ihres Hofs und spülen mit einem Schlauch unsere Gummistiefel ab. Ich merke, dass man den Vorgang mehrmals wiederholen muss, um sie richtig sauber zu bekommen. »Schweine sind einfach gut darin, etwas Warmes und Gemütliches zu bauen, wo sie schlafen können.«

»Wie sieht so ein Nest denn aus?«, frage ich, weil ich mich mittlerweile damit abgefunden habe, dass ich erst durch den Professor von den handwerklichen Fähigkeiten der Schweine erfahren habe.

Wendy reicht mir erneut den Schlauch.

»Wie ein riesiges Vogelnest«, sagt sie. »Wenn eine Sau kurz davor ist, ihre Ferkel zu bekommen, baut sie vierundzwanzig Stunden lang daran. Während dieser Zeit nimmt sie alles weg: Eimer, Schläuche, Bürsten … alles, was sie schleppen kann. Es ist einfach ihr Instinkt, ein tiefes Loch zu graben und dann alles in die große Schüssel hineinzuwerfen.«

Mittlerweile juckt es mich förmlich, mal ein Beispiel zu sehen. Wendy sagt, sie habe schon seit einer ganzen Weile keines mehr gesehen, was die Nester in meiner Vorstellung noch mythischer werden lässt.

»Können manche Schweine denn besser bauen als andere?«, frage ich.

»Die Schweden sind unglaublich gut darin«, sagt Wendy in einer Anwandlung seltenen Lobes für die Rasse. Ich hätte sie gerne gefragt, ob sie alles aus einem Bausatz zusammenbauen, verzichte dann aber darauf. »Gegen vier Uhr nachmittags beginnen sie, Sachen zu sammeln, wenn es in den Wintermonaten oft kühler und dunkler wird. Sie laufen hoch in den Wald, finden irgendwo einen tollen, dicken Ast und schleppen ihn herbei. Und dann gibt es einen mächtigen Aufruhr, wenn er nicht in ihren Koben passt. Also müssen sie wieder los und sich etwas Kleineres suchen.«

»Ach, sie bauen die Nester gar nicht im Freien?«, frage ich, weil mich das an etwas erinnert.

Als Wendy bestätigt, dass sie die Nester oft in den Schlafquartieren der Schweine vorfindet, wird mir klar, dass ich schon viele gesehen habe, ohne es zu wissen.

## Eine Elster im Haus

Als Butch und Roxi in der ersten Zeit bei uns im Haus wohnten, stellten sie meine Geduld in mancherlei Hinsicht auf die Probe. Da sie Emmas Haustierprojekt waren, hatte ich nicht gedacht, dass ich viel mit ihnen zu tun hätte. Dann kam der erste Wochentag, und ich fand mich auf einmal in der Rolle des Autors und einzigen Pflegers von zwei winzigen, quiekenden Schweinen wieder, die sich über meine Gesellschaft wirklich sehr zu freuen schienen.

In gewisser Weise ruinierten sie in dieser Zeit das Haus ebenso wie meine Arbeit. Wenn ich nicht gerade den Teppich in der Ecke des vorderen Zimmers abschrubbte, dann schlug ich zusätzliche Nägel in die Dielenbretter, damit sie nicht immer wieder angehoben wurden. Der Kühlschrank war ein weiterer Krisenherd, weil ich mir zum Mittagessen kein Sandwich machen konnte, ohne dass Roxi ein Drama aufführte. Aber für den vielleicht größten Test von allen war Butch verantwortlich, und er hatte mit Diebstahl zu tun.

In einem lebhaften Haushalt verschwinden immer wieder Dinge. Socken landen in der falschen Schublade und wandern im Wechsel von einem Schlafzimmer ins andere, während die Kinder fast immer warten, bis wir bereit sind, sie in die Schule zu fahren, bevor sie verkünden, dass sie ihren Sportbeutel nicht finden können. Ich bin daran gewöhnt, Dinge irgendwohin zu legen, und dann sind sie auf einmal weg. Als ich jedoch mit Butch unter demselben Dach wohnte, stellte ich fest, dass ich die Dinge noch nicht einmal mehr irgendwohin legen konnte, weil sie von vornherein schon weg waren.

Es war nicht nur die Häufigkeit, mit der Dinge verschwanden. Die Gegenstände, die unser Eber stahl, schienen ebenso zufällig wie verwirrend zu sein. In einer typischen Woche konnte ich alles vermissen, von einer Schuheinlage über ein Handtuch im Badezimmer bis zu meinem Locher und zur Zange für den Holzofen. Im Anfang verdächtigte ich natürlich meine Jüngsten. Mein armer Sohn wurde beschuldigt, die Pflasterdose, eine Küchenschürze und eine Rezeptkarte für Paella verlegt zu haben. Als ich dann alle Gegenstände in Butchs und Roxis kleinem Schweinekoben wiederfand, entschuldigte ich mich natürlich unterwürfigst bei ihm.

»Für was hält er sich eigentlich?«, fragte ich Emma einmal, als ich im ganzen Haus nach einer Telefonladestation gesucht hatte, die ich dann in Butchs Räuberhöhle wiederfand. »Ist er ein Minischwein oder eine Elster?«

All das passierte zu einer Zeit, bevor die beiden das Haus verwüsteten und dann zu einer wachsenden Verantwortung in meinem Garten wurden. Emmas Meinung nach jammerte ich nur, weil ich Butch und Roxi noch nicht so lieb gewonnen hatte wie sie.

»Es sind doch nur Gegenstände«, sagte sie. »Nichts Kostbares.«

Ein paar Tage später änderte sich ihr Tonfall, nur die Kanäle im Fernseher blieben gleich, als Butch die Fernbedienung klaute. Eines der Kinder stellte fest, dass sie nicht mehr da war, und ich durchsuchte sofort den Schweinekoben in meinem Büro. Natürlich fand ich sie zwischen den Legosteinen und Kugelschreibern. Das war also der einzige Gegenstand, dachte ich bei mir, als ich sie ins Vorderzimmer zurückbrachte, ohne den meine Familie nicht auskommen kann. Er hätte die Autoschlüssel oder meine Brieftasche nehmen können, aber mit der Fernbedienung war er einen Schritt zu weit gegangen.

»Hier.« Ich warf Emma die Fernbedienung zu und sagte dann zu den Kindern, die sich langsam wieder beruhigten und aufhörten, das Haus auf den Kopf zu stellen: »Wenn ihr in Zukunft in diesem Haus wirklich etwas in Sicherheit bringen wollt, dann legt es mindestens zwei Meter hoch über den Boden, damit die Schweine sicher nicht drankommen.«

Ich hätte nicht gedacht, dass ich meinen Kindern jemals einen solchen Rat geben würde, aber sie hörten mir aufmerksam zu. Ihre Mutter jedoch schnalzte mit der Zunge und lenkte unsere Aufmerksamkeit auf die Fernbedienung in ihrer Hand.

»Seht euch das an«, sagte sie. Ich realisierte nicht sofort, was sie meinte. »*Seht euch die Knöpfe an*!«

Der Geruch all dieser Fingerspitzen, die auf der Suche nach einem anständigen Programm die Knöpfe der Fernbedienung gedrückt hatten, hatte Butch wahrscheinlich magisch angezogen. Als er sie dann in sein Strohlager geschafft hatte, ließ er sich dazu hinreißen, sie fast völlig abzukauen. Die Fernbedienung war nutzlos, und das Leben in unserem Haus war nicht wiederzuerkennen, bis ein paar Tage später der Ersatz eintraf. Das war der Moment, indem wir Butch endlich alle verziehen, aber sein wahres Motiv wurde mir erst klar, als ich mit Leuten redete, die Schweine wirklich verstanden.

»Er hat ein Nest gebaut«, sagt Wendy mit absoluter Überzeugung, als ich ihr die Geschichte erzähle. »Wenn man einem Schwein die Chance dazu gibt, wird man immer irgendetwas im Stroh finden.«

## Der Mutterinstinkt

Zwar sind sowohl männliche als auch weibliche Schweine instinktiv in der Lage, Nester zu bauen, aber nur trächtige Sauen tun es in Erwartung ihrer Jungen. Ich frage Professor

Mendl, ob der Eber Interesse an der Pflege des Nachwuchses hat.

»Das ist eine gute Frage«, antwortet er mit einem halben Lächeln, und ich sehe ihm an, als er auf einen Punkt zwischen uns schaut, dass er gerne mit einer Liste all der Dinge antworten würde, die sie tun, um die Mutter zu unterstützen. Da er jedoch anscheinend nichts zu berichten hat, blinzelt der Professor bloß und wendet mir wieder seine Aufmerksamkeit zu.

»Er würde den Wurf natürlich verteidigen, wenn die Situation es erforderte«, sagt er schließlich, »aber sonst tut der Eber nichts, die Mutter macht alles.«

Von dem Moment an, in dem ein Ferkel, nur ein paar Pfund schwer, das Licht der Welt erblickt, verlässt es sich auf starke, leitende Signale. Die Sau liegt zwar in den ersten Tagen nur auf der Seite, dient aber ihrem Nachwuchs ebenso sehr als Kommandozentrale wie auch als Nahrungsquelle. Da sie im Durchschnitt zwischen acht und zwölf Junge wirft, muss das Ferkel buchstäblich ums Überleben kämpfen. Zuerst sind Ferkel sehr kälteempfindlich. Sie müssen sich zusammendrängen, um sich zu wärmen, und nahe bei der Mutter im Nest bleiben. Um den gleichen Effekt zu erreichen, zittern Ferkel auch vor Kälte, und es ist lebenswichtig für ihr Immunsystem, dass sie gesäugt werden, um sich gut zu entwickeln und mit der Muttermilch Antikörper aufzunehmen. Angezogen vom Geruch der mütterlichen Zitzen, folgen sie der Richtung ihrer Borsten. Wie eine Ausschilderung für die Sinne wachsen diese in die Richtung, die die neugeborenen Ferkel zur Quelle führt. Hier meistern das Ferkel und seine hungrigen Geschwister jedes Mal zur Fütterungszeit ein mögliches Chaos und leisten etwas Außergewöhnliches.

## Cleverer Säugling

»Die Zitzenordnung steht schon kurz nach der Geburt fest«, sagt Professor Mendl. »Das Ferkel reagiert auf Geruchshinweise der Sau und der Tiere neben ihm, und jedes Ferkel beansprucht eine Zitze. Am Anfang gibt es für gewöhnlich ein bisschen Gedränge und Geschiebe, und es muss für die Kleinen in der Mitte eine ziemliche Herausforderung sein, aber letztlich setzt sich die Ordnung durch, und sie liegen alle an der richtigen Zitze.«

Die sogenannte »Zitzentreue« gilt während der gesamten Säugezeit. Der Professor erklärt mir, dass die Zitzen weiter vorne an der Sau mehr Milch produzieren als die hinteren, wo oft die schwächsten Ferkel landen. Der Kümmerling, wie das unglückselige Schweinchen oft genannt wird, ist vielleicht auch als Letzter zur Welt gekommen. Es ist ein grausames, auf Zufall basierendes Ergebnis, bringt den Ferkeln aber schon wichtige Lebenslektionen bei. In der Zeit, die jedes Ferkel braucht, um sich an eine Zitze zu legen, haben sie sowohl die Bedeutung einer sozialen Hierarchie erkannt wie auch den Vorteil, den es bringt, als Gruppe zu arbeiten. Und dabei hat die Mutter kaum begonnen, ihnen etwas beizubringen.

»In der Wildnis säugt sie sie zwischen acht und zwölf Wochen«, sagt Professor Mendl. »Auf Farmen können sie nach einem Monat entwöhnt werden, und in dieser Zeit ist die Mutter das wichtigste Schwein für sie.« Er erklärt, dass die Sau etwa einmal pro Stunde Milch produziert, aber um an die Milch zu kommen, müssen die Ferkel ihre Zitzen stimulieren. »Die Mutter grunzt ihren Nachwuchs auf eine besondere Weise an, um anzuzeigen, wann sie wieder andocken müssen, was auch bedeutet, dass die Ferkel schnell lernen, auf ihre Stimme zu reagieren«, fährt er fort. »Sie massieren die Zitzen bis zu fünfzehn Minuten lang, bis sie ihnen sagt, dass die Milch einschießt, und dann läuft alles so synchron, dass alle Ferkel zur gleichen Zeit ihre Milch bekommen.«

Ich bin überrascht, als ich höre, dass diese Trinkphase nur etwa eine Minute dauert. In dieser Zeit kann das Grunzen der Mutter leiser und weicher im Ton werden. Manche finden, es klingt ein bisschen so, als ob sie ihren Jungen etwas vorsänge, aber tatsächlich nimmt man an, dass sie so eine

Art laufenden Kommentar abgibt. Wenn keine Milch mehr da ist, kneten die Ferkel ihre Zitzen weiter, um ein Ernährungs-Update zu geben – mehr Kneten als Bitte um mehr Milch beim nächsten Mal, weniger als Bitte um Reduzierung. Es ist eine intensive, enge Bindung, sodass die Mutter genau weiß, dass sie ihr Bestes gibt. In der Wildnis verlässt sie sich auch auf ihre Jungen, die ihr mitteilen, wann sie bereit sind, entwöhnt zu werden. »Je älter sie werden, desto weniger massieren Ferkel«, sagt Professor Mendl, »und deshalb nimmt die Milchproduktion nach und nach ab.«

## Die anderen Mütter

Die Mutter bleibt von zentralem Einfluss auf ihre Ferkel, auch nachdem sie mit ihnen wieder in die Gruppe zurückgekehrt ist. Trotzdem lernen die jungen Schweine auch von anderen Mitgliedern der Gruppe, was sie zum Überleben brauchen. Die Gruppe bringt ihnen bei, nach Futter zu graben, herauszufinden, was essbar ist, Differenzen beizulegen und all das Handwerkszeug zu erwerben, das sie brauchen, um ein gutes Schwein zu werden.

»Es sind hauptsächlich die Sauen, die den Ferkeln die Futtersuche beibringen. Wenn ich Ferkel von Hand aufziehe, dann ist es ziemlich schwierig, ihnen beizubringen, auf natürliche Weise zu essen. Ich kann alles auf den Boden legen, aber wenn es nicht gerade Frosties sind – die sie lieben –, ignorieren sie es völlig. Ich muss Futter auf Mauersteinen platzieren, damit sie überhaupt Interesse zeigen, während ein Ferkel, das gesäugt worden ist, innerhalb von zehn Tagen weiß, wie es nach Futter suchen muss.«

Mir gefällt die Tatsache, dass sich die Sau auf ihre Schwestern in der Gruppe verlässt, damit sie ihr bei der Ferkelaufzucht helfen. In dieser matrilinearen Struktur wird jede neue Generation auf gemeinschaftlicher Ebene effektiv bemuttert. Das schweißt jede Gruppe zusammen und schafft eine sichere Umgebung, in der die jungen Männchen letztendlich unabhängig werden können, während die weiblichen Tiere starke Bindungen entwickeln, die ein Leben lang halten können.

Natürlich würden Ferkel auch viel voneinander lernen, erklärt Professor Mendl. »Gewisse Aktionen sind selbstbelohnend«, sagt er. »Wie beim Menschen gehört dazu das Spiel. Es gibt Beweise dafür, dass eine Veränderung in der Gehirnchemie stattfindet, wenn Tiere, beispielsweise Schweine, spielen. Das Verhalten wird vom Spiel beeinflusst.«

Was also aussieht wie Herumtollen, Spaß und Spiel ist tatsächlich eine Erfahrung für das Ferkel, die ebenso erfreulich wie erhellend ist, sodass sie immer mehr davon wollen. Ferkel spielen schon im Alter von drei Wochen miteinander und lernen in der Interaktion mit ihren Geschwistern. Die erwachsenen Sauen passen zwar auf die Ferkel auf, aber es ist ihre Mutter, die jedes Opfer für sie bringt. Ihr Instinkt, ihre Jungen zu pflegen und zu schützen, ist grenzenlos.

»Eine Sau würde töten, um ihre Ferkel zu schützen«, sagt Wendy. »Wenn sie Ferkel hat, kann sie sehr aggressiv sein, aber vor allem kümmert sie sich hingebungsvoll um sie. In dieser Zeit hängen ihre Zitzen oft buchstäblich in Fetzen herunter, weil die Jungen sich vielleicht darum streiten, daran ziehen oder beißen und sich allgemein ziemlich ungezogen benehmen, und diese arme Mutter liegt nur da und säugt sie. Gelegentlich rollt sie sich auf den Bauch und schreit: »Genug!« Dann lässt sie sie erst wieder trinken, wenn sie sich beruhigt haben. Aber ganz gleich, wie die Umstände sind, die Ferkel werden immer gefüttert.«

»Respektieren sie ihre Mutter?«, frage ich. Wenn ich zuließe, dass sich meine Kinder bei Tisch ums Essen streiten würden, wären sie in null Komma nichts außer Rand und Band.

»Oh ja!«, sagt Wendy. »Ich habe schon gesehen, wie eine Sau ein Ferkel mit ihrer Schnauze in die Luft geworfen hat, weil es sich schlecht benommen hat. Sie mischt sich in die Kämpfe der Kleinen nicht ein, weil sie ihre eigene Hackordnung etablieren müssen, aber innerhalb der Gruppe herrscht immer Disziplin.«

## Der Teilzeit-Elternteil

Da der Eber bisher nur eine Sache tun musste, bin ich gespannt, welche Rolle er bei der Aufzucht der Ferkel spielt. Welche Funktion übernimmt er, wenn die Ferkel größer und selbstbewusster werden und ihren Platz in der Welt suchen? Während der Trächtigkeit tut er nichts, aber nimmt der Vater Einfluss auf die Erziehung seiner Jungen, oder bleibt alles nur an den Sauen hängen?

Professor Mendl sagt, der Eber trete nur gelegentlich als Elternteil in Erscheinung, und seinem Ton nach zu urteilen,

170

ist das noch milde ausgedrückt. Als ich Wendy frage, muss selbst sie lange nachdenken, bevor sie antwortet.

»Nun, sie sind nett zu ihnen«, sagt sie diplomatisch. »Sie beschützen die Ferkel auch, das ist ihr Instinkt. Der Eber schläft bei den Ferkeln und Sauen in der Gruppe, und wenn etwas sie stört oder bedroht, wird er handeln. Vermutlich kopieren die jüngeren Eber sein Verhalten in einem gewissen Maße, aber das ist es auch schon«, sagt sie und weist darauf hin, dass ein Schweinehalter den Eber von den Jungen trennen muss, bevor sie geschlechtsreif werden. In gewisser Weise unterstreicht man damit nur die Hauptrolle des Ebers und betont zugleich die Tatsache, dass die Weibchen den größten erzieherischen Einfluss auf die jungen Ferkel haben.

## Sybil

»Sie hat mir die ersten Ferkel geschenkt. Es war eine wundervolle Erfahrung, aber auch eine Geschichte um Leben und Tod.« Wendy dreht den Schlauch zu, den wir benutzt haben. Unsere Gummistiefel sind sauber und glänzen nass, aber statt ins Haus zu gehen, bleiben wir im Hof stehen. Es ist ein schöner Tag, eine Rarität nach all dem schlechten Wetter, das wir hatten. »Ich kann das Gefühl nicht beschreiben, als ich Sybil das erste Mal sah«, fährt sie fort. »Sie war ein winziges Ferkel, und wir gewannen uns sehr lieb. Ich war richtig aufgeregt, als sie als erwachsene Sau trächtig war, und wusste, sie wird eine wundervolle Mutter. Aber kurz nach der Geburt wurde Sybil krank.«

Wendy stockt, und plötzlich schimmern ihre Augen feucht. »Der Tierarzt sagte, irgendetwas im Inneren müsse gerissen sein, und wir konnten ihr nur hohe Dosen Penicillin geben und auf das Beste hoffen. Und wissen Sie was? In den nächsten drei Wochen ertrug dieses Schwein tapfer alle Schmerzen, um seine Jungen zu säugen. Ich schwöre, sie hat sich nur am Leben gehalten, um sie so lange zu säugen, bis sie alleine überleben konnten.« Wendys Stimme bricht, und es dauert einen Moment, bis sie weitersprechen kann.

»Ich war bei ihr kurz vor dem Ende, aber ich rechnete eigentlich nicht damit, dass sie stirbt. Ich hielt ihren Huf und versprach ihr, für ihre Ferkel zu sorgen, und sie schlief friedlich ein. Ich bedaure nur, dass ich hinterher nicht lange genug bei ihr geblieben bin. Ich war so niedergeschmettert, dass ich ins Haus gehen musste. Einen Tag lang ließ ich die Ferkel noch bei ihr. Es tat mir so leid um sie. Sie tranken die letzte Milch und verabschiedeten sich von ihr, und ich hielt mein Wort. Ich zog sie auf, als hätte ich eine Tochter verloren und würde mich um ihre Kinder kümmern.

## Losziehen

In jeder Familie kommt eine Zeit, wenn Söhne und Töchter weggehen. Als Eltern mögen wir den Tag fürchten, denn auch wenn er sich lange vorher ankündigt, so hinterlässt der Auszug des Kindes doch eine Lücke, die schwer zu füllen ist. Wenn unsere Kinder erst weg sind, sehnen wir uns danach, von ihnen zu hören, und dabei sind sie uns oft auf die Nerven gegangen, als wir noch unter einem Dach wohnten. Auf jeden Fall ist es herzerfrischend zu sehen, wie sie ihre Flügel ausbreiten und zu selbstständigen Erwachsenen werden.

In gewisser Hinsicht haben Schweine diesen schwierigen Übergang auf eine Weise perfektioniert, die allen entgegenkommt. In der Wildnis tun sich die Jungtiere zusammen, um eigene Rotten zu bilden, während andere Eber vielleicht ihre Schwestern um sich scharen. Da ein paar Mädchen immer zurückbleiben, verspürt die Sau nie dieses Gefühl des leeren Nests. Sie kann es auch sofort wieder auffüllen, indem sie den ganzen Prozess wiederholt oder Großmutter wird. Das Hausschwein hingegen nimmt unsere Hilfe in Anspruch, damit der Trennungsprozess so schmerzlos wie möglich vonstattengeht.

»Ich entwöhne die Ferkel im Allgemeinen mit acht Wochen«, sagt Wendy und beschreibt damit ein übliches Vorgehen bei der Nutztierhaltung auf Farmen und in kleinen landwirtschaftlichen Betrieben, wobei die Ferkel von der Zitze an festes Futter gewöhnt werden. »Wenn es ein großer Wurf ist, der die Mutter sehr anstrengt, mache ich es schon nach sechs Wochen, aber wenn es nur drei oder vier Ferkel sind, lasse ich sie manchmal auch zehn Wochen lang bei der Mutter.«

Inzwischen, sagt Wendy, sind die Ferkel keineswegs mehr Kleinkinder, sondern wüste Halbstarke, die auf Milch fixiert sind. Entscheidend sei, erklärt sie, die Mutter und ihren Wurf effizient, aber mit Feingefühl voneinander zu trennen. »Anfangs nehme ich alle Jungen weg, damit die

Milch der Mutter eintrocknet«, sagt sie. »Die weiblichen Ferkel können dann ohne Probleme wieder zu ihr, aber da die Jungs sich der Geschlechtsreife nähern, halte ich sie getrennt von ihr.«

»Wie reagieren die Mädchen aufeinander?«, frage ich.

Wendy richtet ihre Aufmerksamkeit auf die Schweine im Hof.

»Es ist eigentlich nicht so sehr eine Mutter-Tochter-Bindung«, sagt sie nach einem Moment. »Ich habe nicht das Gefühl, dass Schweine erkennen, ob sie miteinander verwandt sind, aber es entsteht eine Kameradschaft, die ihnen wirklich wichtig ist. Es geht darum, dass sie sich sicher fühlen, dass sie sich aneinander schmiegen und miteinander reden können.« Wendy schweigt, betrachtet ihre Schweine und nickt dann. »Sind das nicht die drei Dinge, die jeder von uns sich im Leben wünscht?«

# *10*

# *Das Schwein als Gefährte*

## Nicht nur zu Weihnachten

Sind Schweine gute Haustiere? Aus meiner Erfahrung heraus würde ich sagen, dass es eine unüberbrückbare Kluft zwischen Fantasie und Realität gibt. Schweine sind klug und freundlich, charaktervoll und sanft. Sie genießen menschliche Gesellschaft, können sehr gut zuhören und unterhalten sich freudig mit einem, solange man will. Schweine lieben es, gekratzt und gekitzelt zu werden, und mit Leckerbissen kann man ihnen jeden Trick beibringen. Aber es gibt einen Grund dafür, dass Katze und Hund in der Beliebtheitsskala der Haustiere an zweiter und dritter Stelle stehen, unerklärlicherweise hinter dem Süßwasserfisch, während das Schwein noch nicht einmal unter die ersten zehn kommt.

Trotz der engen Beziehung zwischen Mensch und Tier ist es eine Tatsache, dass wir in völlig unterschiedlichen Welten leben. Es ist zwar möglich, diese Welten miteinander zu verbinden, wie Wendy und zahllose kleinere Höfe mit Schweinehaltung beweisen. Es kann sogar bei jedem funktionieren, der neben der Leidenschaft für diese zutiefst dankbaren Geschöpfe auch über die notwendigen Ressourcen verfügt und sich ihrem Wohlbefinden verpflichtet fühlt. Nichtsdestotrotz ist ein Schwein, im Gegensatz zu einem Hund, nicht nur ein Tier, das man fürs Leben hat, sondern es ist eine *Art* zu leben.

Zum einen braucht man viel Land. Ich hatte kein Problem damit, unseren Garten aufzugeben, um Butch und Roxi darin unterzubringen. Das war eben der Preis, den wir bezahlten, weil wir nicht ordentlich recherchiert hatten. Natürlich grummelte ich, weil ich jeden Morgen in aller Herrgottsfrühe aufstehen musste, um sie zu füttern, aber das war ich allein schon unseren Nachbarn schuldig. Und dann verging die Zeit, die Minischweine wurden zu Maximonstern, und wir merkten auf einmal, dass alles, was wir ihnen bieten konnten, nicht genug war.

Nehmen Sie zum Beispiel meinen Komposthaufen. Eine Zeit lang produzierten Butch und Roxy die perfekte Menge Mist, um ihn mit dem Grasschnitt von unserem Rasen zu vermischen. Das Ergebnis war ein fruchtbarer Cocktail, den ich im Frühjahr auf meinen Blumenbeeten verteilte und im Herbst als Mulch benutzte. Nach einer Weile jedoch begann das heikle Gleichgewicht zwischen Dung und Rasenschnitt sich zugunsten des Dungs zu neigen. Mein Komposthaufen war auf einmal nur noch ein Berg Scheiße, und damit kam die Fliegenplage. In den wärmeren Monaten konnten wir nicht nach draußen gehen, ohne in eine bösartig summende

Wolke zu treten, während der Haufen unhaltbar schwankte und wackelte.

Mein erster Schlachtplan sah vor, beiseitezuschaffen, was ich konnte, so wie bei einer ländlichen Version von *Gesprengte Ketten*. Ich dachte daran, mit den Hunden einen Waldspaziergang zu machen, einen Eimer voll Kot mitzunehmen und ihn ganz unauffällig irgendwo abzustellen. Dann rief Emma mir ins Gedächtnis, dass Schweine vom Ministerium für Umwelt, Ernährung und ländliche Angelegenheiten* so sorgfältig kontrolliert würden, dass ich dabei wahrscheinlich mit einem Bein im Gefängnis stünde, von der brennenden Scham ganz zu schweigen, wenn ich meinen Zellengenossen von meiner Untat erzählen müsste. Gerade als der Haufen den Anschein machte, demnächst umzukippen, fand ich zum Glück einen mitfühlenden Stallbesitzer, der ganz in meiner Nähe wohnte. Er hatte kein Problem damit, meinen Abfall seinem industriegroßen Misthaufen hinzuzufügen, der den wöchentlichen Ausstoß meiner beiden Hausschweine leicht verkraften konnte.

Die Herausforderung, stellte ich fest, bestand darin, ihn dorthin zu befördern.

Auf unserer ersten Fahrt fuhr ich mit Emma zusammen los. Obwohl alle Fenster geöffnet waren, bekamen wir kaum Luft bei dem verfluchten Gestank, den wir mitnahmen. Wir hatten nicht nur Eimer, sondern auch drei schwarze Plastikwannen in den Kofferraum gepackt, und als ich ihn öffnete,

---

\*  Department for Environment, Food and Rural Affairs (DEFRA) [Anm. d. Übers.]

stellte ich fest, dass eine umgekippt war und ihr Inhalt sich über die Ladefläche ergossen hatte, als ich von der Landstraße abgebogen war. Wir mussten unsere Last selbst zu dem Haufen schleppen, der sich in einem Meer von flüssigem Matsch erhob, das unsere Gummistiefel mehr als nur umspülte. Das Fazit waren ein Auto, das professionell gereinigt werden musste, und ein unwesentlich reduzierter Schweinemisthaufen zu Hause, der schon nach einer Woche wieder zu seiner alten Pracht zurückgekehrt war.

So schnell ich ihren Latrinenbereich auch ausgrub, Butch und Roxi füllten ihn. Der Durchmesser dieser Grube, die sie so sorgfältig angelegt hatten, begann ständig zu wachsen. In der Zwischenzeit hatten beide Schweine ihr Gehege und ihren Notauslauf so umfassend umgegraben, dass beide wahrscheinlich nicht mehr Nährstoffe enthielten als die Oberfläche des Mars. Ich musste beide Bereiche stilllegen, damit sie sich erholen konnten, aber die harte Wahrheit war, dass ich meinen Schweinen keine Alternative mehr anbieten konnte. Unser freundlicher Schweinemann aus dem Ort half uns aus und bot an, unsere übergroßen Schweine eine Zeit lang auf seinen Feldern zu halten. Wir ergriffen die Gelegenheit – ebenso wie Butch und Roxi, die dort einen Fluchtweg fanden, den keine seiner Sauen jemals gefunden hatte.

Mittlerweile waren Emma und ich geübt in Schweinesuche und -rettung, ebenso wie die meisten Dorfbewohner. Es war nichts Neues. Da das Feld sich jedoch als ungeeignet erwiesen hatte und die beiden wieder bei uns im Gehege waren, wussten wir, dass etwas geschehen musste. Eine

Katze oder ein Hund machen einfach nicht jeden Tag so viel Ärger. Es mag ja sein, dass Wildschweine sich den Menschen angeschlossen haben, aber als Haustiere haben sie ihren Preis.

## Der wilde Freund des Menschen

Ein Schwein kann sich nicht am Ende eines langen Tages auf unserem Schoß zusammenrollen, und es ist auch nicht so einfach, mit einem Schwein an der Leine spazieren zu gehen. Ehrlich gesagt, wenn wir erst Kurse belegen müssten, um mit einem Hund spazieren zu gehen, würde er schneller von der Spitze der Haustier-Charts verschwinden als ein neues Weihnachtslied im Januar.

Gleichwohl kann ich absolut verstehen, warum Leute wie Wendy sich Schweinen derart eng verbunden fühlen, dass sie sich ein Leben ohne sie gar nicht vorstellen können. Schweine mögen nicht so treu sein wie ein Hund und die Gesellschaft ihrer eigenen Spezies vorziehen, aber bis zu einem gewissen Grad kann man mit ihnen rechnen. Auch wenn Butch und Roxi oft meine Nerven bis an die Grenzen des Unerträglichen strapazierten, betrachtete ich sie doch immer als seelenvolle und äußerst sensible Tiere. Es gab ein Band zwischen uns – ich hatte nur nicht die Mittel, es zu pflegen.

Da Schweine im Allgemeinen aufgezogen werden, um verzehrt zu werden, was in meinem Leben nicht vorkommt, wende ich mich an Professor Mendl, um herauszufinden, ob das Schwein irgendeinen anderen nützlichen Zweck für uns erfüllt.

»Könnte man sie als Wachhunde halten?«, frage ich. »Unsere Hühner haben sie sicher beschützt, denn seitdem hat der Fuchs uns keinen Besuch mehr abgestattet.«

»Wildschweine können natürlich gefährlich sein«, sagt er, »und ein Hausschwein könnte als Wachhund fungieren. Andererseits kann das ein Hund auch, und ein Hund folgt einem.«

Mir gefällt die Idee einer Schweinepatrouille immer noch. Sie haben scharfe Ohren und bekommen unerwünschten Besuch sofort mit. Außerdem haben sie eine einschüchternde Größe, und sie können einem, offen gesagt, auch Angst einjagen, zumindest wenn sie anfangen zu brüllen. Aber ich muss auch zugeben, dass Schweine nicht dafür bekannt sind, bei Fuß zu gehen, wie der Professor sagt. Kein Schäferhund braucht sich also um seinen Job zu sorgen.

Ich erzähle Wendy von meiner Idee. Als sie mir von Rocky, ihrem riesigen, frei herumlaufenden Eber erzählte, erwähnte sie, dass Besucher oft im Auto sitzen blieben, wenn er herbeilief, um sie zu begrüßen. Fühlt sie sich in ihrem Farmhaus nachts sicherer, weil sie weiß, dass da draußen ihre Schweine auf sie aufpassen?

»Nein«, sagt sie und bringt damit meine kleine Fantasie zum Einstürzen. »Schweine schlafen nachts sehr tief. Ich kann im Dunkeln draußen herumlaufen, ohne dass sie sich rühren. Sie schnarchen nur sehr laut.«

Auf der anderen Seite des Hofs sitzen ein paar Hühner auf einer Trennwand zwischen zwei Gehegen. Sie haben viel

Platz zur Verfügung, um in Ruhe ihre Eier legen zu können, und sie wirken entspannt in der Gesellschaft der Schweine unter ihnen. Der Fuchs wird wahrscheinlich auch nicht so blöd sein, Wendys Hühnerschar als Beute anzusehen.

»Vertragen sich die Schweine gut mit den anderen Tieren hier?«, frage ich.

»Ja, sie sind gut Freund mit den Ziegen, Pferden und Schafen«, sagt Wendy. »Ich kann keine Hierarchie zwischen den einzelnen Spezies erkennen. Wenn ich sie alle zusammen füttern würde, würde ich vielleicht herausfinden, wer das Sagen hat, wahrscheinlich die Schafe.«

»Wieso das denn?«, frage ich, und Wendy reagiert darauf, indem sie der Luft einen Kopfstoß verpasst.

»Oh, ich verstehe.«

»Die Pferde können instinktiv Angst vor Schweinen haben«, sagt sie, »aber wenn sie sie erst einmal überwunden haben, kommen sie gut miteinander aus. Ich habe sie sogar schon gemeinsam schlafen gesehen, und das Gleiche gilt für Schweine und Hunde.«

Ich lächle bei dem Gedanken und sage ihr, dass mir die Vorstellung gefällt, dass das Schwein mit allen auf dem Hof gut Freund ist. Da ich jedoch immer noch nach der Rolle suche, die das Schwein für den Menschen unschätzbar wertvoll machen könnte, frage ich sie einfach.

»Wie steht es denn mit der Trüffeljagd?«, frage ich. Der kostbare unterirdisch wachsende Pilz gibt angeblich einen Geruch ab, der dem tierischen Sexualhormone ähnelt.

Wendy reagiert so, als hätte sie die ganze Zeit darauf gewartet, dass ich ihr diese Frage stelle. »Wenn das ginge, wäre ich reich«, sagt sie lachend. Sie weiß zwar, dass auf dem Kontinent Schweine erfolgreich zur Trüffeljagd eingesetzt werden, aber ihrer Erfahrung nach, sagt sie, mögen Hausschweine keine Pilze, was sie auf ihre wilden Vorfahren zurückführt. »Wir haben gelernt, keine alten Pilze aus dem Wald zu essen, weil sie giftig sein könnten«, sagt sie. »Den Schweinen geht es nicht anders.«

Von dieser Farm auf den Hügeln mit ihrer erhöhten Aussicht sieht man wunderschöne Sonnenuntergänge. Es war eine schöne Zeit in der Gesellschaft von Wendy und ihren Schweinen. Man hat wirklich das Gefühl, in einer anderen Welt zu sein, aber ich muss wieder zurück in meine eintönige Realität. Emma ist auf der Arbeit, und meine Kinder sind alt genug, um nach der Schule ohne mich zu überleben. Sie haben meine Nummer, wenn sie mich brauchen, aber es beruhigt sie vielleicht mehr, dass die Hunde da sind. Sie kümmern sich nicht um ihr Gezanke und kochen ihnen auch keinen Tee, und ehrlich gesagt, können ein müder alter Rettungshund und ein Zwergdackel nicht viel tun, wenn jemand den Rasenmäher aus dem Schuppen stehlen will. Trotzdem weiß ich, dass sie auf unsere Kinder aufpassen, was mich wieder zu der Idee von Schweinen als tierische Gefährten bringt. Wendy hat mir geholfen zu verstehen, wie Schweine ticken, aber was sieht sie in Schweinen?

»Sie geben etwas zurück. Sie schätzen deine Zuneigung und lieben dich dafür«, sagt sie. »Ich weiß, das ist ein menschlicher Ausdruck, aber ich spüre wirklich viel von ihnen, und man bekommt zurück, was man hineinsteckt. Manche meiner Schweine schenken mir keine Beachtung.

Ihnen bin ich egal, aber in ein Schwein wie Rocky oder Brad investiere ich Zeit und Mühe, um es kennenzulernen. Ob es sich lohnt?«, fragt sie und nimmt meine Frage vorweg. Dann gibt sie mir eine Antwort, die ich völlig verstehe. »Oh, ich bekomme *sehr viel* zurück.«

## Zu neuen Ufern

Eine Rolle ist natürlich für das Schwein besonders geeignet. Es heißt, eine Arbeit zu tun, die man liebt, bedeutet, nie wieder arbeiten zu müssen. Wenn in dieser Redensart auch nur ein Fünkchen Wahrheit steckt, dann haben Butch und Roxi in jeder Hinsicht großes Glück gehabt.

Kurz, wir haben für sie eine gewinnbringende Anstellung als Erdarbeiter gefunden.

Einige Jahre nachdem die Minischweine im Katzenkorb in unser Haus gekommen waren, verließen sie es in einem Pferdehänger, um ein neues Leben anzufangen. Mittlerweile konnten Butch und Roxi nicht einmal mehr als normal große Schweine angesehen werden. Während Butch etwa so groß wie ein Ridgeback war, reichte mir Roxi bis zur Taille, mit einer Länge von einem Meter achtzig und einem Gewicht von etwa 160 Kilo. Sie waren zu Hogzillas geworden, und trotz all unserer Bemühungen, Pflege und Aufmerksamkeit konnten wir ihnen kein artgerechtes Leben mehr bieten.

Über die sozialen Medien, in denen Emma regelmäßig über das Leben unter Belagerung von Schweinen berichtete, hatte sie Kontakt zu einem freundlichen Bio-Schäfer im Norden des Landes aufgenommen. Es stellte sich heraus, dass er auf der Suche nach zwei Schweinen war, die für ihn sein Land umgruben. Er erzählte uns, dass früher in der Landwirtschaft Schweine regelmäßig eingesetzt wurden, um den Boden zu säubern und umzupflügen. Seiner Ansicht nach erledigten Schweine das wesentlich gründlicher als Maschinen, und man hatte auch mehr von ihnen. Der Farmer plante, sogenannte medizinische Weiden für seine Herde anzulegen, auf denen die Schafe ausgewählte Gräser und Pflanzen fressen konnten, die für ihre Gesundheit von besonderem Nutzen waren. Unserer Ansicht nach war es die perfekte Arbeit für Butch und Roxi. Sie würden mehr Platz zur Verfügung haben, als wir ihnen je geben könnten, und außerdem hätten sie die Gelegenheit, eine nützliche Arbeit zu tun, statt nur riesige Reparaturrechnungen anzuhäufen. Aber zuerst mussten wir es der Familie mitteilen.

In meiner Zeit als Schweinehalter haben die Kinder von mir bestimmt fluchen gelernt. Emma war ebenfalls nie um ein Schimpfwort verlegen, wenn sie hörte, wie Zaunbretter im Gehege splitterten. Oder auch als sie einmal ausrutschte und mit dem Gesicht im Schweinemist landete. Trotz aller Probleme, die wir hatten, genossen die Kinder aber auch die Sonnenseite der Schweinehaltung. Sie liefen zum Gehege, um Zeit mit Butch und Roxi zu verbringen, und ich zweifle nicht daran, dass die Schweine ihnen geduldig zuhörten. Deshalb war es keine Überraschung, dass es ziemlich emotional wurde, als ich die Schweine aus ihrem zerstörten Gehege heraus zum wartenden Transporter lockte. Selbst

Emma weinte, obwohl alle mit ihrem neuen Zuhause mehr als einverstanden waren.

Nachdem sich alle verabschiedet hatten, schloss ich die Türen des Pferdehängers, den wir uns für den Tag ebenso geliehen hatten wie den Geländewagen mit Allradantrieb, den ich brauchte, um den Hänger zu ziehen, und machte mich mit gemischten Gefühlen auf den Weg. Es war ein seltsames Gefühl, mit ihnen im Morgengrauen auf die Reise zu gehen, und während der Fahrt überkam mich eine Mischung aus großer Erleichterung und zunehmender Angst.

Butch und Roxi wirkten erfreut über ihren neuen Schweinekoben und die Aufmerksamkeit vonseiten des Farmers und seiner Partnerin. Die ausgedehnte Weide lag mitten in einer Heidelandschaft, üppig bewachsen mit Gräsern und Schilf. Ich wusste, dass sie dort glücklich sein würden, und ging, ohne mich groß von ihnen zu verabschieden. In unserer gemeinsamen Zeit hatte ich den Eindruck gewonnen, dass Schweine merken, wie es einem geht. Und obwohl ich mich fröhlich von dem Farmer verabschiedete, sollten sie mich in diesem Moment nicht durchschauen. Butch und Roxi waren ein Teil meines Lebens geworden, sie hatten die Achse gebildet, um die sich alles drehte. Es war eigentlich nicht auszuhalten, aber ich wusste, dass ich mich in der ersten Zeit ohne sie verloren fühlen würde. Als ich schließlich an jenem Abend nach Hause kam, rechnete ich fast damit, dass sie mich an der Hintertür erwarteten, mit dem Gesichtsausdruck, der fragte, wo ich denn so lange geblieben sei. Ich blickte mich sogar noch einmal um, bevor ich ins Haus trat, aber sie waren nicht mehr da.

Ich hoffe nicht, dass den Kindern von dieser chaotischen Zeit nur die sehr kurze Zeit in Erinnerung bleibt, als sie Butch und Roxi auf den Arm nehmen konnten. Mir wäre lieber, sie würden sich daran erinnern, wie viel Mühe ihre Eltern sich gaben, um zwei übergroßen Mini-Biestern ein glückliches Zuhause zu geben. Wie wir haben auch sie eine Schwäche für Schweine entwickelt, allerdings äußert sich das nur in Bemerkungen, wenn wir an einer Farm vorbeifahren oder eine im Fernsehen sehen. Die Partnerin des Farmers hielt uns auf dem Laufenden, und ich zeigte der Familie jedes Foto, das sie von den Schweinen schickte, die sich in ihrem neuen Zuhause sichtlich wohlfühlten. Ich war mir nicht ganz sicher, was ich von dem Foto halten sollte, das Butch und Roxi auf einer Weide zwischen einer empörten Schafsherde zeigt, aber wir waren uns alle einig, dass die zerstörte Trockenmauer im Vordergrund meisterhaft fotografiert war.

Ich halte immer noch Hühner unten im Garten. Sie picken und scharren im Unkraut, schnappen sich Käfer und tanzen auf ihre besondere Art und Weise miteinander, aber ihr Gehege ist immer noch das Schweinegehege. Jedes Mal, wenn ich zu ihnen gehe und das angebaute Schlafquartier sehe, das ich jetzt als Lager benutze, denke ich an die Jahre, als eine Sau und ein Eber unser Leben auf den Kopf stellten. Es ist jetzt sehr still da unten, viel friedlicher und, ehrlich gesagt, einfach nicht mehr dasselbe ohne sie.

# Danksagung

Ich bedanke mich bei meiner Lektorin, Vicky Eribo, für ihre leichte Hand im Umgang mit dem metaphorischen Schweinebrett. Sie hat dieses Buch so gelenkt und gesteuert, dass ich das Gefühl hatte, es ganz alleine geschrieben zu haben, obwohl ich in Wahrheit ohne sie verloren gewesen wäre. Dankbar bin ich auch der gesamten Mannschaft bei HarperCollins für ihre Unterstützung und Begeisterung. Das Gleiche gilt für Philippa Milnes-Smith und alle bei LAW. Mein Dank geht auch an Emma, an Graham für seine Hilfe und seinen Rat, wenn wir ihn brauchten, und natürlich auch an Butch und Roxi.

Schließlich möchte ich mich bei Wendy Scudamore und Professor Michael Mendl für ihre wundervollen Beiträge zu diesem Buch bedanken, aber vor allem dafür, dass die Gespräche mit ihnen mir so viel Spaß gemacht haben. Sie haben mir nicht nur ihre Zeit, ihre Erfahrungen und ihre Einsichten in die Welt der Schweine geschenkt, sondern waren beide faszinierend, lustig, charmant und weise. Ich danke Wendy, dass sie ihr Schweine-Export-Unternehmen eine Weile zurückstellte, um mich auf den neuesten Stand zu bringen, und ich danke Professor Mendl, weil er mir gezeigt hat, dass das akademische Leben eigentlich wirklich cool sein kann. Schweine sind sein zentrales Thema, und ich möchte dieses Buch mit der Erwähnung von zwei seiner Werke beschließen.

Mendl, M., Held, S., und Byrne, R. W.: *Current Biology* Band 20, Nr. 18, R796–798 (2010);

Held, S., Cooper, J. J., und Mendl, M.: »Advances in the study of cognition, behavioural priorities and emotions«, in: *The Welfare of Pigs*, hrsg. von J. N. Marchant-Forde, S. 47–94. (Springer, 2009)

# Jeffrey M. Masson

## Ein Buch, das den Blick auf unsere Nutztiere grundlegend verändert

In den Ställen und auf den Weiden findet man die erstaunlichsten Dinge: Kühe, die in Schwermut verfallen, wenn man ihnen die Kälbchen wegnimmt, selbstbewusste Schweine, die Musik lieben, mutige Ziegen und lachende Hühner mit einem unverbesserlichem Sinn für Humor. Der renommierte Tierverhaltensforscher und Bestsellerautor Jeffrey Masson präsentiert bewegende Geschichten rund um das komplexe Seelenleben unserer Hof- und Nutztiere. Ein bewegender Einblick in eine verborgene Welt und zugleich ein leidenschaftlicher Appell für mehr Respekt vor den Hoftieren.

978-3-453-60461-2